PALISSY

ET

SON BIOGRAPHE

PARIS. — TYPOGRAPHIE DE CH. MEYRUEIS
RUE CUJAS, 13.

PALISSY

ET

SON BIOGRAPHE

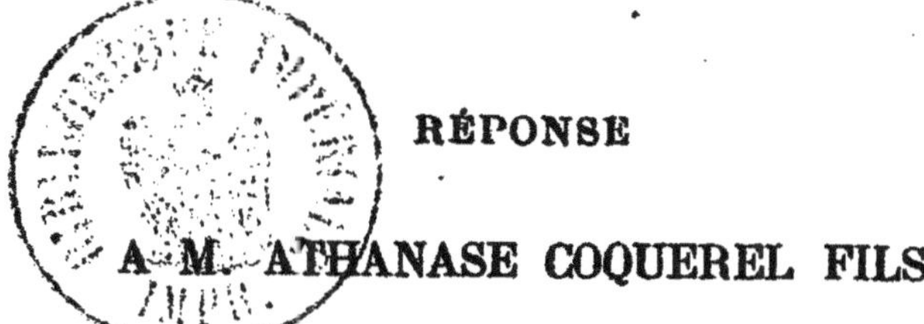

RÉPONSE

A M. ATHANASE COQUEREL FILS

PAR

LOUIS AUDIAT

PARIS

CH. DOUNIOL, LIRAIRE-ÉDITEUR

RUE DE TOURNON, 29

1869

PALISSY

ET

SON BIOGRAPHE

A Monsieur Athanase Coquerel fils, à Paris.

On m'avait, Monsieur, parlé d'un article sur mon livre *Bernard Palissy* (1), dans le *Bulletin de l'Histoire du Protestantisme français*. Au lieu d'un, j'en ai deux. Et c'est vous, qui avez bien voulu prendre la peine de rendre compte de mon volume aux lecteurs de cette importante publication. Je ne m'attendais pas à tant pour lui. Obscur travailleur, j'ai été flatté de voir un homme illustre comme vous, Monsieur, s'occuper d'un inconnu comme moi et d'un ouvrage d'aussi mince valeur.

Il est vrai que cette petite satisfaction, je la paye un peu cher; et j'ai bien vu, à la façon dont vous nous traitez, lui et moi, qu'il vous avait causé un peu d'humeur. Cela ne m'empêche pas de vous remercier.

> Vous me fîtes, Seigneur,
> En me... lisant, beaucoup d'honneur.

Je viens, hier seulement, de lire dans les livraisons du 15 septembre et du 15 octobre 1868, votre travail : BERNARD PALISSY, SA STATUE ET SON RÉCENT BIOGRAPHE. Il y est très-peu question de Palissy; beaucoup moins encore de sa statue, puisque vous n'en faites que cette mention sommaire : « On en parle avec éloges. » Mais, en revanche, vous vous y occupez presque exclusivement du biographe. Pour mon héros, j'aurais désiré un peu plus : par exemple, une esquisse à larges traits, comme vous êtes fort capable d'en faire une; pour l'auteur de la statue, M. Ferdinand Taluet, dont malheureusement

---

(1) *Bernard Palissy*, in-12, chez Didier, Paris.

vous n'avez pas vu l'œuvre, sculpteur d'un grand mérite et d'une modestie égale, un mot au moins qui apprît son nom à vos lecteurs. Vous avez tout gardé pour moi. Je suis flatté de cette préférence. A vrai dire pourtant, quelques douces paroles pour l'artiste ou le personnage ne m'eussent pas rendu jaloux, surtout si quelques mots par suite avaient dû être moins amers pour l'écrivain.

J'ai un autre regret. Un homme de votre science, s'occupant d'un livre d'histoire, allait certainement relever bien des erreurs, hélas ! inévitables dans un ouvrage de près de 500 pages, plein de faits, de noms et de dates. Je me réjouissais presque de toutes les inexactitudes que votre savoir me signalerait, heureux d'arriver à la vérité, mon but; à la perfection de détails au moins, mon rêve. D'avance je les notais, pour en émonder une future édition, et vous savais gré de toutes les fautes que je pourrais éviter, grâce à vous.

Mon désappointement n'a pas été petit. Beaucoup de divergences d'opinions et de manières de voir; je m'y attendais. De rectifications, peu ou point. Aussi, n'est-ce pas pour vous ramener à mes idées que je me permets de vous écrire, ce serait de l'outrecuidance; ou pour discuter vos sentiments à l'égard de mon livre. La critique est maîtresse absolue dans ses appréciations. J'ai resté coi à tout ce qui s'est dit de lui. Et cependant, Monsieur, j'ai pris la plume pour vous, et je vous réponds.

Je vous réponds, parce qu'avant le talent il y a la dignité, parce qu'au-dessus du littérateur il y a l'homme. Si j'élève la voix, ce n'est pas pour vanter ce volume que vous déchirez; il vous appartient. C'est pour protester contre vos attaques à ma loyauté d'écrivain. L'Académie française a couronné mon ouvrage. Il faut montrer contre vos deux articles, qui tendraient à le faire croire, que l'auteur si honorablement distingué n'est pas un de ces mercenaires de la plume, insulteurs tarifés, calomniateurs par ordre, haineux par métier et diffamateurs par système. J'ai été tout fier que l'illustre compagnie vînt me trouver au fond de ma province, et daignât m'accorder une de ces récompenses qu'on méprise jusqu'au jour où on les obtient, et qu'on déprécie quand elles vont à d'autres. J'ai été touché de ce que le conseil général de mon département ait bien voulu ajouter un prix à celui de l'Académie française. Je me dois à moi-même, je dois à l'Académie et à son éminent secrétaire perpétuel, je dois au conseil général, de faire voir si, vraiment, ils ont été indignement trompés, si le livre qu'ils ont loué et couronné n'est qu'un tissu de faussetés et de mensonges, et si l'auteur en l'honnêteté duquel ils ont eu foi mérite les épithètes dont vous m'avez trop généreusement chargé. Le public n'a pas besoin de cette preuve, sans doute. Entre l'Académie et M. Coquerel il a prononcé. Mais auprès de certaines gens, elle est indispensable. Vous avez un nom, Monsieur, une autorité, une influence. Tout cela sert à donner du poids à vos assertions, même et surtout lorsqu'elles sont risquées. Je ne veux donc pas, et je ne puis laisser passer sans réclamations, et sans réclamations énergiques, tout ce qui porterait atteinte à ma probité d'historien ou à ma valeur morale. Aussi vous ne vous étonnerez pas si je me sens blessé. J'ai déclaré que mon volume était sincère; vous l'appelez un pamphlet. Et comme pour prouver qu'il l'est, vous avez falsifié un texte, dénaturé la pensée quand cela était utile à votre thèse, mis sous mon nom les paroles d'un autre, supprimé des membres de phrase pour faire dire autre chose au reste, j'ai le droit de vous demander si c'est là la façon dont vous entendez la critique.

Vous avez été de bonne foi, Monsieur, je m'empresse de le reconnaître. Mais vous avez écrit avec précipitation, sans doute aussi avec prévention, qui sait ! peut-être sur des textes fournis et non suffisamment contrôlés. Je ne croirai jamais, Monsieur, que vous, homme connu, vous ayez pu porter un tel jugement sur mon œuvre, si vous l'avez examinée avec attention, et par vous-même.

I

Voici les expressions que vous semez dans votre mémoire; il est bon de les réunir ici.

Dans mon livre, que (page 504) vous qualifiez de « factum, » on trouve, selon vous : « préoccupations de parti passionnées et perpétuellement en éveil » (page 438); «peu de suite dans les idées » (*id.*); « excessive partialité (*id.*); « nom violent et inexact » (*id.*); « phrase ambiguë…, équivoque… conçue en termes aussi malsonnants qu'on puisse l'imaginer » (page 439); « aigreur » (page 440); « ton suranné d'inimitié dédaigneuse » (*id.*); « fausse peinture » (*id.*); partialité » (*id.*); « dénigrement systématique » (page 495); « emportements irréfléchis, malveillance outrée, légèreté » (page 496); « légèreté malveillante » (page 438); « malveillance » (page 438); « mauvais vouloir » (page 441); irrévérence pour les livres sacrés (*id.*); « pauvre argumentation » (*id.*); « légèreté condamnable » (page 497); « nombre de méprises sur des points secondaires, erreurs de personnes, de dates, de chiffres, indications de sources fautives et incomplètes » (pages 437 et 438). Pour moi, « je verse à flots l'injure » (page 438); je suis « injuste » (page 497); « appréciateur étrange et outré » (page 439); « un juge mal disposé » (page 443); « un ennemi ardent » (page 444); « un peintre extrêmement inexact » (page 435) ; — M. Villemain avait dit « peintre vrai ; » — « ultramontain » (page 439) ; cela va de soi, et « pamphlétaire » (page 442), pour couronner le tout.

Sont-ce bien là vos expressions? Avec tout le respect que je vous dois, Monsieur, je vous demanderai, si, dans une discussion historique, il ne vaudrait pas mieux en laisser quelques-unes à ceux qui prennent des injures pour des raisons. Je puis répondre sur le même ton, et vous verrez tout à l'heure que vous m'en donnez le droit. Mais qu'y gagnerait la vérité et qu'y apprendraient nos lecteurs?

Laissons aussi les personnalités de côté. Deux fois (pages 440 et 449), vous faites allusion épigrammatiquement à mes fonctions et plusieurs fois à ma religion. Vous m'appelez, — et ce mot dans votre bouche veut être bien mordant, — vous m'appelez « ultramontain, » moi, qui me pensais gallican! Vous m'autorisez à répondre :... et puis? à quoi cela mène-t-il? que diriez-vous si, après avoir transcrit quelques-unes des aménités ci-dessus, je m'écriais : « Sont-ce là les paroles de mansuétude dignes d'un ministre du saint Evangile? » ou bien encore si, après avoir, ce que je ferai, montré que vous avez oublié, — est-ce pour me reprocher de l'avoir inventée, — une phrase de Calvin mourant, si je disais : « Voyez! un des plus célèbres protestants français ne sait pas les dernières paroles du chef de la réforme française? » vous trouveriez que l'Evangile, le ministre, la Réforme n'ont rien à faire là. Et avec raison. Pourquoi donc user vous-même de ces moyens que vous blâmeriez chez les autres? Aussi, Monsieur, n'attendez pas que j'use de représailles. C'est déjà trop que certains mots aient été employés une fois.

Votre intention, je le sais, n'a pas été de rendre compte de mon ouvrage en entier, mais seulement d'une partie, la moindre, qui pour vous était la plus importante. Le reste, vous en parlez à peine, et d'après la *Revue des Questions historiques*, numéro de juillet 1868 (page 254 et suivantes). Vous me reprochez (pages 437 et 438) « nombre de méprises de détails sur des points secondaires, erreurs de personnes, de dates, de chiffres, indications de sources fautives ou incomplètes. M. Tamizey de Larroque en a relevé beaucoup dans la *Revue des Questions historiques*. » Je crois comprendre que ces inexactitudes nombreuses dont vous parlez sont celles qu'a signalées M. de Larroque. Les fautes que vous avez personnellement notées viendront plus tard. Vous reconnaissez bien que « les taches de cette nature ne peuvent être toujours et entièrement évitées. » Mais aussitôt vous vous empressez de déclarer que « quand on écrit une monographie historique, une simple *notice*, — cette simple notice a 480 pages, — sur un personnage dont la vie a déjà été écrite vingt fois — et où les erreurs et les légendes, auriez-vous pu ajouter, gênant plus que le reste n'aide, — des inexactitudes si fréquentes ne sont plus excusables et ôtent à un livre trop d'autorité. »

Voilà certes qui est bientôt dit. Examinons, Monsieur, ces fautes que vous me reprochez en masse, d'après M. Philippe Tamizey de Larroque:

1° Erreurs de personnes; vous mettez le pluriel; lui ne cite que *Pierre* de Ronsard, au lieu de *Charles* de Ronsard, confusion que j'avais faite sur la foi de Théodore de Bèze, du président de Thou et des autres.

2° Erreurs de dates; Philibert de l'Orme, mort en 1570 et non en 1577; les *Tableaux de Philostrate*, non pas *traduits* en 1614, par Blaise de Vigenère, qui était mort en 1596, mais *réimprimés*.

3° Erreurs de chiffres; ici encore vous mettez le pluriel : renvoi au livre II des *Mémoires de Vielleville*, au lieu du livre III.

4° Indication de sources fautives : une fois *Lettres sur la Vendée*, au lieu de *Lettres écrites de la Vendée*, mis partout ailleurs.

5° Ou incomplètes : je n'ai pas indiqué que M. Morley avait intitulé son livre *The life of Palissy;* que M. Matagrin avait imprimé sa notice à Périgueux; que M. Enault avait publié ses quelques pages sur Palissy dans le *Livre d'or des peuples;* je n'ai pas renvoyé pour M. Cazenove de Pradines, au *Recueil de la Société d'agriculture d'Agen.*

Enfin, j'ai dit les Gontault « barons, puis marquis; » j'aurais dû ajouter et *ducs;* la *Chapelle-Biron,* pour la *Capelle-Biron; Evailles,* pour *Evaillé,* et *praticiennes,* pour *patriciennes.*

Tout cela est-il bien grave? Vous avez l'air de le penser : car immédiatement après avoir dit que « des inexactitudes si fréquentes ne sont plus excusables, » vous ajoutez : « En général, ces inexactitudes sont loin de nuire à la cause ultramontaine. » J'ai cité loyalement les « erreurs de personnes, de dates, de chiffres, » signalées par M. Tamizey de Larroque, les seules dont il soit question dans votre phrase. En quoi la « cause ultramontaine » est-elle intéressée à ce que j'aie dit *Pierre,* au lieu de *Charles; Lettres sur la Vendée,* au lieu de *Lettres écrites de la Vendée; Evaille,* pour *Evaillé; praticiennes,* pour *patriciennes,* et *livre* II, pour *livre* III?

Peut-être votre pensée se portait-elle ailleurs? Votre phrase l'aurait dû dire. Nous allons voir du reste que « la cause ultramontaine, » nom que vous donnez sans doute au catholicisme, n'a rien à gagner à ce que je me trompe, pas plus que le protestantisme, Monsieur, ne perdra, je l'espère, à ce que vous ayez cité à faux.

II

M. Tamizey de Larroque, dans un article fait avec un soin et une impartialité qu'on désirerait trouver ailleurs et fort élogieux du reste, m'a reproché en outre un certain nombre d'omissions : je n'ai pas cité M. Doublet de Boisthibauld, Emerson, M. Babinet, M. Marcel de Serres, M. de Senarmont, M. Flourens, M. Isidore-Geoffroy Saint-Hilaire. J'ai eu tort; mais il fallait se borner. Vous, Monsieur, vous mentionnez comme ayant « signalé des éclairs de génie chez Palissy: Réaumur, Buffon, Cuvier, Brongniart, M. Chevreul, M. Dumas » que j'avais cités, et « M. le pasteur Barthe » pour « les découvertes qu'il lui a attribuées de nos jours. » M. Tamizey de Larroque, qui connaît tous les savants qui se sont occupés de Palissy, avait oublié ce dernier. A la prochaine occasion, il ne manquera pas de me reprocher cette nouvelle omission.

Vous-même, Monsieur, n'avez-vous pas sur la conscience, ou sur celle de votre prote, quelques forfaits semblables? Page 436, vous renvoyez pour Ambroise Paré à la page 237 où il n'en est pas question. Et (page 439), pour « Jeanne d'Albret et Renée de France » à la page 248 de mon livre. On n'y parle que de la duchesse de Ferrare; c'est *page* 179 qu'il aurait fallu ajouter. La *Recepte véritable* de Palissy est bien connue; vous en faites (page 436) « son *Précepte véritable.* » Mon premier éditeur s'appelle *Fontanier*, vous l'appelez (page 434), *Fontaine.* Il est vrai que cela se ressemble beaucoup : *Launoy* est écrit *Launay*, ce qui permet de confondre le célèbre « dénicheur de saints, » avec le fameux persécuteur de Palissy. Vous en faites un *abbé;* jamais il n'accepta un bénéfice, et refusa d'être chanoine.

Misères d'écrivain, Monsieur, que je n'aurais pas songé à signaler chez vous, si vous n'aviez prétendu que des vétilles semblables « ne sont plus excusables » chez moi, et « ôtent à mon livre trop d'autorité. » Mais enfin, Monsieur, si douze, — c'est le nombre relevé par M. de Larroque, et il l'aurait pu augmenter,—si douze, ou quinze, ou vingt « taches de cette nature » qui, selon vous, « ne peuvent être entièrement évitées, » ne sont plus excusables dans un volume de 480 pages, que vous appelez, vous, « une simple notice, » et si « elles ôtent trop d'autorité à mon livre, » combien six semblables doivent-elles ajouter de valeur à une critique de vingt pages seulement? Ne reprochons pas si durement à un auteur des peccadilles que nous ne négligeons pas de commettre nous-même, et dont souvent les typographes sont aussi coupables que nous.

Il est bien entendu que vous et moi nous ne parlons ici que de ces minuties qui ne touchent en rien à la pensée. Je vous accorderai même que celles de votre mémoire ne lui enlèvent aucun de ses mérites, y compris celui d'une exécution en règle de mon ouvrage. Toutefois ce sera à cette condition-ci : vous reconnaîtrez que mon livre n'y perd que peu, et que la religion catholique n'y gagne absolument rien.

Je m'arrête trop longtemps à ces bagatelles. Vous m'y avez forcé en les signalant comme particulières à un auteur catholique, et comme le résultat « de préoccupations de parti si passionnées et si perpétuellement en éveil, qu'elles égarent mon jugement et troublent ma mémoire. »

Eh bien ! Monsieur, voulez-vous que nous examinions si quelque autre qu'un catholique ne peut pas avoir de ces préoccupations de parti... et si le jugement n'est égaré, la mémoire troublée, que chez « un ultramontain ? »

III

Je vais d'abord poser une question. Elle vous semblera indiscrète ; vous serez par cela même parfaitement dispensé d'y répondre. Avez-vous lu les deux livres que vous annoncez de moi sur maître Bernard ? oui, sans doute, puisque (page 441) vous dites du premier que j'ai « modifié ou retranché dans la 2ᵉ édition plus d'une assertion de la première »; et vous n'auriez pas, vous si scrupuleux pour l'exactitude chez autrui, avancé ce fait, sans en être sûr. Mais vous l'avez parcouru un peu vite, peut-être par les yeux d'un autre. J'ai déjà remarqué que vous aviez estropié le nom de ce pauvre M. Fontanier, et que vous et la *Revue des Questions historiques* vous vous obstinez à le métamorphoser en *Fontaine*.

A la page 437 vous bâtissez un assez joli petit roman dont vos lecteurs et moi, Monsieur, si vous aviez lu la page XIII de ma première édition, nous eussions été certainement privés. C'eût été dommage, vraiment. Vous nous racontez qu'une « commission avait été organisée à Saintes pour élever une statue à l'illustre potier de terre; » que « la présidence de cette commission fut acceptée par l'évêque du diocèse, et des souscriptions furent recueillies. » Survient tout à coup un pasteur qui « publie dans un journal du département une série de savants articles, au sujet du grand homme que sa patrie — d'adoption — voulait honorer. » Mais « M. Barthe insiste naturellement sur le zèle religieux et l'héroïsme de ce martyr. » Aussitôt, émotion dans la contrée; le trouble est partout, et la confusion, et le désarroi. On s'interroge, on s'agite, on s'inquiète. « La souscription même en demeura paralysée. On se demanda si elle s'achèverait, si un prélat pouvait continuer à présider une œuvre destinée à glorifier un fondateur d'Eglises réformées. »

Pardonnez, Monsieur, à un souvenir classique qui me revient ; vous m'appellerez pédant ; j'y consens, et je l'aurai mérité. Vous entendant faire ce récit pathétique, il me venait à la mémoire cette phrase bien connue de Pascal : « Cromwell allait ravager toute la chrétienté ; la famille royale était perdue, et la sienne à jamais puissante, sans un petit grain de sable qui se mit dans son uretère. Rome même allait trembler sous lui ; mais le petit grain de sable s'étant mis là, il est mort, sa famille abaissée, tout en paix et le roi rétabli. »

Le drame est le même ; seulement « les savants articles » de M. Barthe valaient mieux que le grain de sable. C'est peut-être pour cela que la commission n'en mourut pas.

En effet, « l'entreprise, très-judicieusement, ne fut point abandonnée. Le *vénérable* prélat — c'est un des plus jeunes évêques de France, — ne déserta pas son poste. » Alors M. Audiat entre en scène. C'est lui qui va tout arranger. « Seulement, continuez-vous, le secrétaire de la commission, M. Audiat, en publiant une biographie de Palissy, crut devoir atténuer dans une large mesure tout ce qui avait été dit jusqu'alors du protestantisme ardent professé par l'inventeur des rustiques figulines. » Par conséquent, mon travail est le résultat d'une espèce de mot d'ordre. Je ne l'ai fait ainsi que parce que j'étais secrétaire de la commission dont Mgr Landriot était le président ; et si M. Barthe n'eût pas publié « une série de savants articles sur Palissy ; » ou « insisté sur son zèle religieux, » mon livre eût été tout autre.

Ah ! Monsieur, quelle pauvre idée vous avez et vous donnez de mon caractère ! Je comprends maintenant qu'ayant de l'écrivain une telle opinion vous l'ayez traité de la façon que vous savez. Mais la personne, qui vous a si bien informé, qui vous a si fidèlement rapporté ces petites choses locales qui ne sont point dans les livres et qu'ici nous entendons, non sans étonnement, dire pour la première fois, aurait dû vous mieux renseigner sur moi, et vous raconter si j'étais homme à me faire l'instrument docile de qui que ce soit. Sous ce rapport, Monsieur,

> Mon verre n'est pas grand, mais je bois dans mon verre.

Votre historiette, fort jolie et très-bien narrée du reste, n'a qu'un tort : celui d'être erronée. J'ai donné (page XIII) les noms des trente-huit membres de la commission. Mgr Landriot n'y figure que comme simple membre. Quand il fut nommé à l'archevêché de Reims, son successeur, Mgr Thomas, entra dans la commission au même

titre que lui. Le président a toujours été le maire de Saintes,
M. Vacherie, et le président d'honneur, M. le marquis de Chasse-
loup-Laubat, de Marennes, alors ministre de la marine et des colonies.
Donc « le vénérable président » n'eut pas à « déserter » un poste
qu'il n'occupait point; et ceux qui se demandèrent « si un prélat
pouvait continuer à présider l'œuvre » n'existent ou n'existèrent
que dans votre féconde imagination (1).

Quant aux articles du journal dont vous parlez, je pense que si
la souscription en demeura « paralysée, » comme vous le dites, vous
êtes le premier à blâmer avec moi l'inopportunité de leur publication. Mais s'ils ont eu, comme vous l'affirmez, et comme je n'ai pas
de peine à le croire, une influence fâcheuse sur certaines personnes
qui, disposées à donner, auraient à cause d'eux fermé leur bourse,
il ne faut rien exagérer. Les quêtes à domicile étaient faites; les
plus grosses sommes encaissées ou promises; et l'argent continua
d'arriver. Voyez pages XVIII, XIX et XX. Comme secrétaire de la
commission, je n'ai aucun élément pour apprécier leur effet.
Ce que je puis affirmer, c'est qu'ils n'ont eu aucune action sur mon
livre. La raison en est simple : il était écrit. Dès mars, l'imprimeur
était à l'œuvre, comme cela est constaté par le journal qui en com-
menca la publication le 3 avril ; il parut à la fin de juillet. *Le Cognac*
du 7 août l'annonçait comme « étant déjà en vente. » D'un autre
côté, M. Barthe publia, les 7, 28 et 31 mai, ses trois premiers articles
sur « Palissy, rénovateur des sciences, » et « Palissy, artiste. »
Dans les numéros des 5, 9 et 24 juillet parut « Palissy, homme religieux. » Ces derniers surtout pouvaient-ils faire modifier l'esprit
d'un livre alors complétement imprimé?

Enfin, fort occupé, je ne les recherchai point alors; et à part un,
je crois, qui me tomba sous la main, je ne les lus pas. Ce fut un tort.
J'y aurais appris que, si maître Bernard se mit en 1539 à trouver
l'émail, c'est qu'il se convertit au protestantisme en 1546.

Pour vous, Monsieur, partant de ce principe que j'avais composé
mon volume avec une intention bien arrêtée, avec un parti bien
pris, il n'est pas étonnant que vous y ayez vu ce qui n'y est
pas. J'ai écrit cette biographie de Palissy, (page I, 2e édition),
pour « faire connaître à son pays d'adoption qui croyait la connaître,
une vie enjolivée par les conteurs et souvent par les historiens. »
C'était aussi pour mettre mon obole, l'obole du pauvre, Monsieur,
et du travailleur, dans l'escarcelle de la commission. Car la première édition s'est vendue au profit de l'œuvre, et je n'en ai pas
retiré un rouge liard.

<hr>

(1) *P.-S.* — Ce fait de la présidence avancé par M. Coquerel dans le numéro
du *Bulletin* du 15 septembre 1868, a été rectifié par lui, deux mois après, dans
celui du 15 novembre, lorsque déjà, depuis le 3 novembre, j'avais adressé ma
réponse au *Bulletin*.

Peut-être, Monsieur, connaissant ces divers détails, n'eussiez-vous pas à mon adresse envoyé certaines paroles malsonnantes, et que vous regretterez.

IV

Vous aviez une thèse : établir qu' « à l'égard de *tout* personnage, historien ou écrivain protestant » j'étais d'une « légèreté malveillante et excessive partialité. » Du reste, « les preuves en surabondent de ligne en ligne dans le livre » que vous étudiez. Evidemment, le public jugeant d'après ce que vous affirmez de certains chapitres, conclura bien vite que le tout ressemble à la partie. Plus tard, vous lui direz bien à la dernière page, pour acquit de conscience, que « le reste du travail n'est pas sans valeur, » et que mes appréciations sur d'autres points sont un peu moins mauvaises; l'impression sera produite.

A première vue, votre appréciation sommaire de mon *Bernard Palissy* paraît un peu en contradiction avec les faits, avec ce que vous écrivez vous-même que j'ai été « un des auteurs et des plus zélés propagateurs du projet du monument. » Si j'ai une telle animadversion pour « *tout* personnage protestant » que chaque ligne de mes 480 pages déborde de fiel et de haine, comment ai-je pu proposer d'élever une statue à un huguenot? Comment ai-je pu consentir à rester quatre ans et demi attelé au câble qui faisait péniblement monter le calviniste sur son piédestal? Je pouvais chercher des devoirs moins périlleux : j'ai pourtant marché hardiment. Le 10 janvier 1864, j'ai lancé mon premier article pour arriver enfin à l'exécution de l'idée que j'avais déjà émise après tant d'autres, deux ans auparavant. Qui me forçait à parler! Le silence est d'or, Monsieur. Je pouvais me taire. La statue, déjà plusieurs fois essayée, se serait-elle faite? Peut-être. Mais elle avait été déjà bien des fois tentée. Dans tous les cas, si la première chose était de rester muet, la seconde, quand l'idée serait émise, était de la combattre.

Vous attribuez aux articles de M. Barthe un effet très-funeste à la souscription lorsque déjà l'œuvre ne pouvait plus guère rester inachevée. Supposez qu'un catholique, au lieu d'écrire pour la statue des articles reproduits par sept ou huit journaux du département et plusieurs de Paris ou de la province, eût, dès le début, ameuté le sentiment catholique contre l'idée de la glorification d'un huguenot? J'ai parlé, moi « malveillant pour tout personnage protestant, » j'ai parlé beaucoup. Pour salaire de mes peines, des ennuis et quelques inimitiés dont j'ai lieu du reste d'être fier. J'oubliais cependant le titre honorifique de « pamphlétaire » que me décerne gracieusement pour mon livre le *Bulletin de la Société de l'Histoire du Protestantisme français*.

Je ne sais si c'est une illusion. Vous m'avez déjà dit, Monsieur, que j'avais des préjugés, et je le crois : car je suis homme. Mais il me semble pourtant qu'il y a une certaine largeur d'esprit et une louable élévation d'idées chez les trente ou quarante catholiques, prêtres et laïques, qui ont fait partie de la commission, et élevé un monument à ce que le populaire nomme encore dédaigneusement chez nous un parpaillot. Un homme de génie était là. Nous n'avons pas cru devoir lui demander de quel culte il était. Ce n'était pas une question religieuse que nous allions traiter. Réveiller les vieilles querelles, ressusciter les disputes théologiques, à quoi sert ? Nous cherchions ce qui rassemble, et non ce qui désunit. Tout le monde pouvait fêter le génie. « Sans doute, écrivait le 5 juillet 1864, M. le pasteur Barthe que vous citez, ce n'est pas à Palissy *protestant* — c'est lui qui souligne, — qu'on dresse une statue. Nous le reconnaissons sans peine ; la religion n'est point en cause dans cette affaire. Dans un État et chez un peuple où la liberté de conscience a pleinement triomphé, et doit être admise par tous sans arrière-pensée, qu'importe que l'on soit catholique, protestant, juif..... »

Voilà pourquoi la commission a voulu ignorer si Palissy avait embrassé la réforme. Vous auriez souhaité, je le comprends, voir inscrit sur le piédestal : « A Palissy, artiste, savant et huguenot ! » cela s'explique : on est toujours un peu pour le saint de sa chapelle. Mais auriez-vous vu avec autant de joie que nos voisins de Cognac missent sur leur monument : « A François Ier, protecteur des lettres et catholique ? » Même en supposant que le roi-chevalier n'eût eu aucun tort envers vos coreligionnaires, ce monument de bronze, dressé à un personnage en tant que catholique, n'eût sûrement pas été de votre goût. A Saintes, le même fait eût eu lieu, pour les catholiques, si la commission eût mêlé la religion à son projet. Le spectacle était assez grand, d'ailleurs, qu'une ville qui avait conspué le génie se prît à l'honorer, et que le potier eût sa statue là où il n'avait pas toujours eu du pain.

La conduite de la commission a été, selon moi, non seulement sage et juste ; mais encore c'était la seule praticable. A quel résultat, dans une ville qui compte 128 protestants et les enfants des pensions sur 11,570 habitants, chiffres officiels, serait-on arrivé, si l'on se fût de gaieté de cœur privé du concours des catholiques ?

Je le disais dès cette époque (page VI) : « Les uns ne reprocheront pas au potier d'avoir été un serviteur dévoué de la royauté, le protégé des grands d'alors, des Jarnac, des Pons, des La Roche-foucauld, des Coucis, des Montmorency, des Montpensier, l'obligé reconnaissant de Catherine de Médicis... les autres ne lui feront pas un crime irrémissible d'avoir sincèrement et de bonne foi embrassé l'hérésie. »

Pourquoi exiger que des catholiques façonnent des monuments à des protestants, comme protestants ; qu'une commission froisse bénévolement la grande majorité des 11,570 habitants d'une ville pour la satisfaction de 128 autres? C'est une belle marque de tolérance pour des catholiques que de ne pas se souvenir que cet homme a renié leur foi et leur a peut-être arraché des âmes. Si cela ne vous suffit pas, Monsieur, qui vous empêche de sculpter le potier en robe de ministre? Placez-le dans un temple et invoquez saint Palissy, patron des réformés.

V

Mais peut-être me suis-je rattrapé de mes efforts pour maître Bernard, en dénigrant les autres. D'après vous, j'ai maltraité avec « une excessive partialité, » d'abord « les habitants de la Rochelle ; » puis les personnages de la Réforme ; ensuite les écrivains protestants ; après, les martyrs protestants ; en outre, les ministres protestants ; de plus, les usages protestants ; même les catholiques qui ne sont pas protestants, mais qui me déplaisent ; enfin les livres sacrés qui, bien que catholiques, servent aux protestants.

Vos griefs sont nombreux. Vous me permettrez de les passer en revue par ordre. Soyez tranquille : je tâcherai de n'en oublier aucun. Vous n'êtes pas, Monsieur, de ces écrivains vulgaires, dont les paroles s'en vont avec le vent. Vos jugements insérés dans un recueil qui a sa publicité restent et font autorité. Si j'ose donc, moi chétif, vous contredire, ne m'en veuillez pas trop. Je me suis du reste promis de n'employer aucun terme qui vous puisse choquer, aucune expression outrageante, aucun mot injurieux. S'il m'échappait quelque phrase un peu vive dans ma longue réponse, ne l'attribuez, Monsieur, qu'à la douleur bien naturelle de me voir attaqué dans ma considération d'homme de lettres. Mais si mes arguments et mes preuves vous étaient désagréables, vous ne vous en plaindriez pas. Car je ne pense pas que vous ayez cru me faire grand plaisir, en employant les termes dont vous vous êtes servi.

Vous m'avez blâmé d'avoir « fort maltraité tel écrivain qui n'est nullement protestant, pour une affirmation qui me déplait (page 441), et cela même quand l'historien s'est rétracté plus tard. » De quoi s'agit-il? Du seul président Hénault qui avait raconté un fait dans une première édition avec un *on dit*, et qu'il retrancha dans les dernières. Pour moi, il avouait avoir commis « un mensonge historique.» Le mot est impropre; il faut *erreur*. Voilà en quoi « tel historien qui n'est nullement protestant, est *fort* maltraité » par M. Audiat. Qu'eût-on dit de plus, mon Dieu, si j'avais consacré vingt pages à lui dire qu'il n'avait ni suite dans les idées, ni impartialité, ni logique, ni style, mais qu'en retour il avait malveillance outrée, aigreur, dénigrement systématique, emportements irréfléchis et autres belles qualités?

En revanche, si j'ai « fort maltraité » Hénault, j'ai trop bien traité la Ligue. Ici, Monsieur, votre âme s'indigne. Vous faites appel aux sentiments patriotiques; et le Français vient naturellement dans votre phrase. Ce n'est pourtant pas ici la place du chauvinisme. Dans une grande assemblée, ces mots-là produisent toujours de l'effet. De sang-froid, c'est autre chose. Est-ce à dire pour cela que je n'aime pas ma patrie? Voyez! Ce qui vous a fait écrire que j'osais « me permettre — quelle audace! — une espèce d'apologie de la Ligue, » c'est que j'approuve le peuple d'avoir songé à sauvegarder sa nationalité et sa foi. « Si, disais-je, (page 442), avec leur culte séculaire, on leur enlevait encore (à ces bourgeois et à ces artisans) leur nationalité menacée à la fois par les Allemands et les Anglais, leurs mortels ennemis, que deviendraient-ils, sans patrie sur le sol natal, sans Dieu dans les temples élevés par leurs pères? » Je continuais (page 443) : « Déplorons ses excès. Dans ce déchaînement des passions religieuses, il y eut des crimes. Dans ce zèle pour la défense de la foi, il y eut du ridicule. Dans cette triple lutte pour la foi, l'indépendance civile et l'autonomie nationale, il y eut des torts... Le but secret des vrais chefs de la Ligue était un changement de dynastie, où nous voyons fort bien ce qu'y eût gagné la maison de Lorraine, mais non aussi clair ce que la nation y eût trouvé d'avantageux. Le protecteur de la Ligue, de son côté, le roi d'Espagne avait aussi ses vues; il espérait bien l'asservissement de la France. Ainsi la religion pour les chefs n'était qu'un masque. » Est-ce là, Monsieur, ce que vous appelez une espèce d'apologie de la Ligue? Si oui, la Ligue doit être peu flattée de ma plaidoirie. Lisez enfin la conclusion! «Politiques à vues courtes, — il s'agit des bourgeois et des artisans, — emportés par l'ardeur, ils ne virent pas où ils allaient, et qu'en appelant Philippe II comme contre-poids à Elisabeth et aux princes allemands, ils se préparaient un maître redoutable dont ils auraient eu à souffrir autant que les huguenots. Aussi, tout en approuvant leurs bonnes intentions, faut-il reconnaître leurs erreurs, blâmer leurs fautes, et flétrir leurs crimes. »

Avouez, Monsieur, que cette apologie est un peu faible et a légèrement l'air d'une accusation. Et je m'assure que, si jamais vous aviez besoin d'être défendu, vous accueilleriez mal un ami qui plaiderait pour vous de la sorte.

Vous pouvez encore voir par là, que j'ai la fibre patriotique aussi sensible que pas un. C'est pourquoi, quand j'avais pris la peine d'écrire : « En appelant Philippe II, » ne comprends-je plus bien votre question : « Ignore-t-il que les chefs ont donné à l'atroce Philippe II d'Espagne la couronne de France ? » Je l'imprime, et vous l'avez lu. Vous ne pouvez donc ignorer que je le sais. Ailleurs, vous dites de moi (page 502) : « Il ne faudrait pas soulever des objections imaginaires pour se donner le plaisir d'y répondre. » Je change un peu la phrase : « Il ne faudrait pas poser de questions inutiles pour se donner le plaisir d'interroger. »

Peut-être, si vous vouliez faire exactement apprécier les sentiments du biographe, eût-il été juste, après l'avoir accusé d'amnistier la Ligue « ce que, dites-vous, on aurait quelque peine à imaginer, » d'ajouter : Il a flétri la Saint-Barthélemy. Vous ne l'avez pas fait, votre but n'étant que de relever mes fautes.

VI

Voyez quelle idée vous me faites donner des Rochelais, (page 439) : « Les habitants de la Rochelle, écrivez-vous, *devenus protestants*, nous sont représentés comme affranchis désormais de tout scrupule de conscience. » J'aime beaucoup les Rochelais ; j'ai été fort bien accueilli d'eux, quand je suis allé faire à la Rochelle une conférence sur maître Bernard. Aussi ma surprise a été profonde d'apprendre que j'avais déclaré d'eux, que, du jour où ils étaient « devenus protestants, » ils avaient été « affranchis de tout scrupule de conscience, » et que partant, depuis ce moment, ils vivaient comme de francs païens. N'y aurait-il pas là un malentendu ? « Phrase ambiguë, » dites-vous, qui *peut-être* veut dire seulement qu'ils crurent dès lors pouvoir se révolter contre le roi, « mais qui tout au moins est équivoque. » L'équivoque et l'ambiguïté n'existent, Monsieur, que pour celui-là seulement qui ne voudra lire que des phrases isolées, et ne pas comprendre la pensée. Il s'agit (page 187) du synode de Saint-Jean-d'Angély, en 1562, où les ministres décident que « l'Écriture permet aux vassaux de lever la lance contre leur seigneur pour cause de religion. » Je continue : « Le 3 avril, barons et chevaliers, délivrés de tout scrupule par cette déclaration, s'assemblent en armes.....» Cette phrase est au bas de la page 187; à la suivante se trouve celle que vous incriminez : « de leur côté les Rochelais affranchis..... » Pourquoi, Monsieur, avez-vous sauté ces petits mots : « de leur côté»? Ils ont leur signification. D'un côté « les barons et les chevaliers, délivrés de tout scrupule » s'arment et partent; « de leur côté, les Rochelais, affranchis de tout scrupule de conscience..... mettent, pour soutenir la guerre, à la disposition du prince de Condé, une somme de huit cents livres par mois. » Où donc l'ambiguïté? N'auriez-vous pas, pour me les reprocher, créé un peu ces ténèbres, en supprimant : *«de leur côté,»* et en ajoutant : « Les habitants de la Rochelle, *devenus protestants »* ? Ils étaient protestants depuis près de dix ans, et je le montrais. Il va sans dire que ma phrase est non-seulement «équivoque, » mais encore « conçue en termes aussi généraux et aussi malsonnants qu'on les puisse imaginer. » C'est votre appréciation. On jugera.

On jugera aussi votre accusation relative à mon animadversion contre « les écrivains » de la Réforme. D'abord, ce pluriel est une petite hyperbole, puisque vous n'en citez qu'un, Théodore Agrippa d'Aubigné. Je souscris des deux mains à votre jugement sur son « grand cœur » et sur «les admirables pages qu'il a laissées. » Vous défendez ce que je n'ai pas attaqué. Oui! c'est un énergique écrivain, un poëte plein de souffle, mais un historien dont il ne faut pas toujours accepter les récits et surtout les opinions; un satirique, sans doute chaleureux, mais partial, acrimonieux, animé d'une haine aveugle contre ses ennemis. C'est en des termes plus adoucis le jugement qu'insère sur son *Histoire universelle*, la *France protestante* de MM. Haag, copiant Anquetil : «Il écrit en huguenot outré et en courtisan mécontent. »

Le fait de Maulévrier avait déjà paru douteux au savant rapporteur du concours d'Agen, M. Cazenove de Pradines; et ce « détail révoltant » lui inspirait des soupçons sur l'entrevue elle-même, constatée seulement « par le témoignage trop souvent suspect de d'Aubigné. » — *Recueil des travaux de la Société d'agriculture, sciences et arts d'Agen*, VII, page 421. — Moi, trouvant la conversation apocryphe, j'ai relégué ce qui s'y était dit au nombre des fables; et cela y restera. Voilà un de mes crimes.

J'en ai de plus grands. Outre les écrivains, j'ai maltraité vos martyrs, vos princes, vos pasteurs, les Psaumes et livres saints, ignoré vos usages.

Parlons de ces derniers. Les autres auront leur tour.

Comme exemple de mon ignorance des coutumes des Eglises réformées, vous citez ma phrase : « Abraham Compagnon obtint le titre de diacre. » Et vous m'infligez vite une petite correction. « Ce n'est pas là un titre à obtenir; c'est une charge laborieuse.

Voilà qui est bien. Le « professeur de collége » dont vous vous moquez, eût presque aussi bien dit. Le mot est impropre, je le reconnais et vous remercie ; mais s'ensuit-il que j'ignore que les diacres chez les réformés, comme dans l'Eglise au temps des apôtres, étaient les distributeurs des aumônes ? Combien d'ailleurs de titres sont de lourdes charges !... Et qu'il en est qui voudraient bien se dérober au fardeau de leur gloire ! Les honneurs se payent, dit le proverbe. J'ai voulu dire qu'Abraham Compagnon avait été digne d'être fait diacre ; j'ai mis *titre*. Mais puisque le mot *titre* choque votre purisme, une autre fois, je mettrai : « Abraham Compagnon eut la charge et non le titre de diacre. » Vous serez content. Il me serait si doux de ne vous avoir pas déplu.

Je le ferai... A une condition pourtant, Monsieur, c'est que vous à votre tour ne qualifierez pas « *d'abbé* » Launoy qui ne le fut jamais. A l'époque de Launoy, on appelait abbé celui qui était pourvu d'une abbaye. J'ai regret à signaler cette infime inexactitude. Mais vous avez eu tant de joie à critiquer chez moi deux expressions impropres, que vous me pardonnerez mon plaisir d'avoir à relever un anachronisme chez un historien aussi savant que vous.

A cette leçon de grammaire, vous daignez en ajouter une autre, mais moins heureuse. « Le *simultaneum*, dites-vous (page 443), lui paraît presque une chimère. » Non, je sais, et je savais, qu' « en Alsace et en quelques endroits de la Suisse..... la même église sert aux catholiques et aux protestants. » Pour me convaincre de mon ignorance à ce sujet, que faites-vous, Monsieur ? Vous renvoyez à la page 193. J'y vais et j'y lis : « Cela eut lieu à la Rochelle. » Si j'écris que cela eut lieu, c'est que je sais que cela eut lieu, apparemment. Seulement, il ne s'agissait pas de la Suisse ni de l'Alsace. Théodore de Bèze parlait de « plusieurs lieux » de la Saintonge. J'ai dit : « plusieurs ! » non ; mais à la Rochelle, oui ; « parce que les papistes se servirent de la seule église dont on leur laissait la disposition après le prêche. » Vous voyez maintenant si vous pouvez tirer, de cette simple phrase relative à un fait tout local et très-ancien, cette conclusion générale que le « *simultaneum* me paraît presque une chimère. »

C'est un peu, du reste, votre procédé de généraliser. La méthode est tout à fait philosophique, mais d'un emploi difficile et parfois dangereux. Votre acte d'accusation relatif aux princes protestants repose sur une généralisation mal faite. « J'ai, dites-vous, (page 439), présenté Jeanne d'Albret et Renée de France sous le jour le plus malveillant. » On croirait, à vous entendre, que j'ai apprécié le rôle, le caractère de ces deux femmes, et que je me suis borné à dire le mal. Cela est clair, puisque vous ajoutez que je l'ai fait « de façon à nuire le plus possible à la religion réformée. » Voyons donc ces moyens terribles que j'emploie. Vous vous appuyez sur la page 248. J'y lis : « La duchesse de Ferrare écrivait, en mars 1564, à Calvin une lettre confidentielle, qui prouve ses projets — ceux de Condé — de révolution dynastique, » et j'en cite trois lignes contre certains prédicants fanatiques. Raconter le fait, c'est évidemment présenter la fille de Louis XII « sous le jour le plus malveillant. » Vous l'avez dit; sans cela, Monsieur, on aurait de la peine à le croire.

Pour Jeanne d'Albret, qui n'est pas nommée à la page où vous renvoyez, je pourrais n'en pas parler. Voici pourtant ce que je me rappelle avoir dit d'elle : qu'elle avait interdit l'exercice du culte romain en Béarn, expulsé les ecclésiastiques, prescrit à tous ses sujets de se marier, s'ils n'ont reçu du ciel le don de continence. Ce sont des articles de ces ordonnances du 26 novembre 1571, dont le pasteur genevois, à qui je les emprunte, dit que par elles, la reine « assura le triomphe complet de la Réforme dans ses Etats de Béarn. » Si c'est « nuire le plus possible à une religion » que de transcrire les ordonnances qui en assurèrent le triomphe, je manque complétement de logique, comme vous l'avez écrit.

J'ai cité une autre lettre de la fille de Louis XII, où la fervente protestante se plaint à Calvin d'avoir entendu la femme d'Antoine de Navarre soutenir qu'on pouvait mentir pour la cause de la nouvelle religion. Mais si cela fait un peu tort à Jeanne d'Albret, cela fait grand honneur à Renée de France, qui s'indigne de cette doctrine. Dans tous les cas, comme, en citant cette parole peu louable de la reine de Navarre, j'ai mentionné que la thèse avait été soutenue par certains casuistes, comme j'ai rappelé (page 174) un acte honorable pour Renée de France, ne trouvez-vous pas qu'usant de votre méthode les catholiques seraient, aussi bien que vous, en droit de me blâmer d'avoir « présenté ces deux princesses sous le jour le plus favorable, et de façon à servir le plus possible une religion » qu'elles avaient embrassée? Il ne faut pas toujours voir de la malveillance dans la constatation d'un fait. Comme, d'ailleurs, toutes ou presque toutes mes affirmations relatives aux hommes ou aux choses du protestantisme, sont prises chez des auteurs protestants, est-il juste de faire tomber sur moi seul des fautes, si fautes il y a, que vos coreligionnaires ont commises les premiers, et que, sans eux, je n'eusse jamais faites?

VII

Je vous citerai un autre exemple de cette malheureuse prévention qui vous fait tout voir en noir chez moi, et vous porte à torturer mes phrases, pour leur faire dire ce que, avant de les lire, vous aviez décidé qu'elles diraient. Ici, Monsieur, j'ai besoin de répéter ce que j'ai déjà déclaré, à savoir que je crois à votre bonne foi. Vous mettrez vous-même ensuite le mot qu'il faut pour qualifier l'acte dont j'ai à parler.

C'est toujours votre thèse qu' «à l'égard de tout personnage, historien ou écrivain, protestant » je suis d'une «légèreté malveillante et d'une excessive partialité. » Et j'ai voulu, semble-t il, me «consoler (page 438) d'écrire la vie d'un huguenot et de lui ériger une statue, en versant à flots l'injure sur ses coreligionnaires. » De tout cela « les preuves surabondent de ligne en ligne. » Mais ces preuves, que vous avez exposées pour donner idée de celles que vous omettiez, ne sont pas jusqu'ici bien concluantes. Celle qui suit, le sera-t-elle?

« Oubliez, écrivez-vous, oubliez tout ce que vous savez d'histoire et lisez ces lignes. » Ces lignes, Monsieur, je vais les citer telles que vous les citez vous-même. Ce ne sera pas ma faute si elles ne sont pas ainsi dans mon livre. «Tout se débauche; Luther avait donné l'exemple. Le cardinal de Châtillon et l'évêque de Nevers l'imitent.» Et vous ajoutez immédiatement : « On croira sans doute que Spifame et Odet de Châtillon ont commis, à l'exemple de Luther, des actes d'affreuse débauche. » Oui, Monsieur, on croira cela. Et je mets au défi l'être le plus ignare de comprendre différemment, l'esprit le plus passionné en ma faveur d'y voir autre chose.

Alors me voilà condamné?... Pas tout à fait. Pour juger de la pensée d'un auteur, il ne faut pas isoler une phrase de ce qui précède, ponctuer arbitrairement et lui attribuer, à lui, comme personnelle une expression qu'il donne comme d'un autre. Ces règles sont élémentaires dans une polémique. Vous m'auriez pu, Monsieur, éviter la peine de vous les remémorer.

Contrairement à votre habitude, vous ne renvoyez pas à la page de mon *Bernard Palissy*, d'où vous avez extrait ces lignes. Elles sont à la page 147. Le paragraphe traite de certaines causes secondaires de l'établissement du calvinisme. Car pour les causes premières et importantes : abus et vices de l'Eglise romaine, besoin d'émancipation, que vous me déclarez (page 442) « incapable de voir, » je les ai énumérées en quatre pages dans l'ordre où vous les avez énoncées vous-même; ce qui me donnerait à penser que vous veniez de lire mon chapitre. « A ces grandes causes, disais-je (page 142), il en faut joindre d'autres secondaires. » Je citais, d'après un contemporain, le désir pour les réguliers ou séculiers qui se défroquèrent de mener, les uns une vie plus austère, le plus grand nombre de chercher « l'existence plus active du monde, l'affranchissement d'une règle qui leur pesait, et les joies interdites du ménage. » Beaucoup d'ecclésiastiques se marièrent. C'est ce que firent Luther, Châtillon, Spifame et bien d'autres. Le sens est-il obscur?

Reste le *« tout se débauche ; Luther avait donné l'exemple. »* Vous avez vous-même saisi ma pensée : Luther et Châtillon prirent femme. Car voici votre commentaire : « Ce que M. Audiat appelle de ce nom violent et inexact, c'est simplement leur mariage. » Il ne peut y avoir doute ; c'est bien M. Audiat qui a écrit la proposition : « Tout se débauche. » Pour le mieux montrer vous insistez : «Dans son style, *tout se débauche* signifie seulement..... » Eh bien! non, Monsieur, jamais je n'ai nommé le mariage une débauche, même en parlant de ceux qui violaient des promesses solennellement faites. Jamais je n'ai écrit cette phrase : « Tout se débauche! » C'est vous qui me l'attribuez. C'est vous qui citez ce que je n'ai pas écrit ; c'est vous qui pour appeler sur moi je ne sais quelles colères, vous efforcez, non pas de dénaturer ici ma pensée, mais de publier des phrases que vous mettez faussement sous mon nom.

Votre parti bien arrêté est de démontrer qu'il est « nécessaire d'écouter avec précaution un appréciateur si étrange et si outré des faits qui lui déplaisent. » Donc, j'écris ceci : « Tout se débauche ; Luther avait donné l'exemple. » Que ne citiez-vous tout, Monsieur? Hélas! votre argument tombait, et vous le trouviez si excellent! Permettez-moi de le faire : « Les cénobites sautent par-dessus les murs de leur couvent ; les ecclésiastiques laissent là leur soutane. « A leur exemple, dit Florimond de Rémond, plusieurs nonnains « incontinentes prennent la clef des champs pour prendre un mary « ou *faire pis...* Bref, en plusieurs lieux tout se débauche? » Qui a dit : « Tout se débauche? » Florimond de Rémond. Selon vous, c'est M. Audiat, qui appelle le mariage « de ce nom violent et inexact. » Mais comment pouvez-vous arriver à mettre au compte de M. Audiat ce que M. Audiat donne comme de Florimond de Rémond, et lui faire dire que *« tout se débauche »* se rapporte à Luther, à Châtillon, à Spifame? Par un procédé bien simple : suppression des guillemets qui indiquent une citation, et changement à vue d'un point en point-virgule. On imprime : « Tout se débauche ; Luther avait donné l'exemple. » Le tour est joué. On peut admirer peut-être la dextérité du prestidigitateur, mais l'approuver, c'est autre chose. Quant à l'imiter, je m'en garderai pour moi.

Je vous entends, Monsieur. Vous riposterez que ce point-virgule, ces guillemets importent peu ; que la pensée est tout. Oui, mais d'abord la pensée n'est pas ce que vous dites ; ensuite, vous avez aussi condamné le style « violent et inexact. » Et la pensée, quelle est-elle? Que des prêtres s'étaient mariés comme Luther, Odet et Spifame. Florimond de Rémond complétait en parlant des femmes. Je l'ai cité et nommé. Si son expression signifie le mariage, je n'y puis rien. Mais pourquoi ne s'appliquerait-elle pas à « *faire pis,* » qui vient après « *prendre un mary?* » En tout cas, si l'on était coupable de tout ce que l'on cite, il faudrait ici s'en prendre à l'écrivain protestant, auquel j'ai emprunté le passage. L'aurait-il donc aussi approuvé, puisqu'il l'a copié sans faire de réserves? Ah! Monsieur, vous l'avez écrit, et je le répète : « Il faut écouter avec précaution un appréciateur si étrange et si outré des faits qui lui déplaisent. »

VIII

J'ai d'autres accidents quelque peu semblables à noter dans votre travail. Car c'est à l'aide d'une suppression aussi que vous avez prouvé mon dédain pour l'Ancien et le Nouveau Testament. Quoi! Monsieur, n'était-ce pas assez pour moi d'être signalé comme insultant à « un culte établi en France depuis trois siècles et demi » (page 440), — ajoutez donc : reconnu par l'Etat! ce qui constituera un délit, — et comme « versant à flots l'injure sur les coreligionnaires de Palissy? » Fallait-il encore m'exposer à être lapidé par les catholiques? Poursuivi par les uns comme papiste, harcelé par les autres comme luthérien, c'est trop à la fois pour moi !

On ne saurait, dites-vous (page 496), « parler des Psaumes, et en général de l'Ecriture sainte, avec un plus froid dédain » que je ne l'ai fait. « Les Psaumes et les autres écrits sacrés avaient droit à plus d'égards de la part d'un catholique ; s'il n'est pas tenu de les lire, il doit au moins les mieux respecter. » C'est encore, Monsieur, une de ces surprises que vous me causez souvent. Quoi ! j'aurais été irrévérencieux pour les chants du roi-prophète? J'aurais traité avec mépris les saints Evangiles ? Un homme grave l'imprimait ; il fallait bien que ce fût. J'ai fait mon examen de conscience ; en vain. J'ai feuilleté mon malencontreux livre. Le typographe y aurait-il glissé quelques propositions sentant le fagot, ou dignes de la place de Grève? Je lis (page 184) dans le chapitre *l'Idylle aux bords de la Charente :* « Voilà le chœur de nos jeunes Saintongeaises, *Gratiæ decentes,* comme dit Horace, sous l'ombrage des aubiers, louant, exaltant le Seigneur Dieu dans ce magnifique élan de David : BENEDIC, ANIMA MEA, DOMINO. Elles disent : Bénissez le Seigneur, ô mon âme ! Seigneur, mon Dieu, vous avez fait paraître votre grandeur d'une manière éclatante ! Environné de majesté et de gloire, revêtu de la lumière comme d'un vêtement, vous étendez le ciel comme un pavillon. Vous marchez sur les ailes des vents..., etc. »

Est-ce là, en traitant de « magnifique » ce chant de David, que j'affiche mon dédain pour l'Ecriture sainte? Non. Cherchons plus loin.

A la page 225, je trouve : « Ce psaume CIV, sur lequel Palissy revient souvent, se lit dans le Psautier de Clément Marot et de Théodore de Bèze; c'est le CIII^e des recueils catholiques, un des plus beaux de ces chants, qui le sont tous.» Ce doit être ici : car je n'ai pas, autre part qu'en ces deux endroits, apprécié, non pas les livres saints, mais les seuls Psaumes. Franchement,

> Du plus grand des forfaits je me croyais coupable.

Me voilà un peu rassuré. J'ai donc proclamé « sublime » un psaume, et beaux tous les autres. Si c'est là se moquer, veuillez m'indiquer comment on loue !

Il est bien vrai qu'à la page 170, on trouve une critique de la manie qu'a maître Bernard de citer sans cesse la Bible. On est en effet blessé, au point de vue de l'art s'entend, de voir à chaque instant revenir chez lui des fragments de psaumes et des bribes d'évangélistes. Dès la page 2 de la *Recepte véritable,* il nomme deux fois David et deux fois saint Matthieu. Ce qui me choque, ce n'est pas le texte sacré, loin de là, c'est de le voir paraître hors de propos.

Or, c'est précisément l'objet de vos récriminations. Vous reproduisez cette phrase de ma page 169 : « Il a conservé dans ses ouvrages quelque chose de cette manie de citations bibliques, caractère général, du reste, des écrivains huguenots. Les Psaumes faisaient le plus clair de leur nouveau savoir religieux. » La citation est textuelle, cette fois; mais il y manque quelque chose encore, non pas des guillemets ou un point-virgule, mais ce simple nom propre : « comme l'a remarqué Gobet. » Mon livre dit : « Et comme l'a remarqué Gobet, il a conservé dans ses ouvrages, etc. » Quelles transes m'a causées cette petite suppression involontaire de *« comme l'a remarqué Gobet!* » Me voilà tranquille. C'est Gobet qui se moque des Psaumes. Moi, je dis seulement la dernière des deux phrases que vous citez. C'est Gobet qui raille Palissy. S'il y a quelqu'un à livrer à la vindicte des catholiques, qu'on livre Gobet; c'est lui qui a tout fait. Mais, hélas! il est mort. Dois-je être châtié pour lui? Peut-être bien : car je suis parfaitement de son avis.

IX

Où je ne puis être de votre avis à vous, Monsieur, c'est quand vous affirmez (page 441) que je donne d'Hamelin « une fausse peinture. » J'ai dit : « Il avait quitté le catholicisme pour le calvinisme, puis le calvinisme pour le catholicisme; il quitte une seconde fois le catholicisme pour le calvinisme. » Est-ce vrai? J'ai attribué au repentir la seconde conversion; vous l'attribuez à la peur. Donc, c'est moi qui « donne de l'homme une fausse peinture. » S'il est vrai que ce soit la frayeur qui l'ait fait abjurer, comme vous le prétendez, je trouve que je prêtais à son action un motif plus avouable. Il vaut mieux se conduire par conviction, même quand on se trompe, que de céder à la crainte. Cela n'empêchera pas que je n'aie maltraité « ce martyr. »

Il y en a un autre. Nommant les huguenots qui, en 1546-1547, furent mis à mort en *Saintonge*, je dis (page 162) : « Nicolas Clinet... fut brûlé, mais seulement en effigie. » N'est-ce pas un peu être exigeant que de me blâmer d'avoir omis d'ajouter : Il le fut en réalité à Paris, dix ans plus tard? Demandez, en outre, que je fasse sa biographie. Mon omission cependant vous a été utile; sans elle vous n'auriez pu écrire : « *Nos* martyrs ne sont pas mieux traités que nos princes ou nos pasteurs. » *Nos martyrs* désignent Hamelin et Clinet. On a vu s'ils ont vraiment bien à se plaindre de mes mauvais traitements.

Venons aux pasteurs. Vous en nommez cinq : Launay, Sureau, La Place, Calvin, de Bèze. « Je les traite plus mal que personne, » dites-vous (page 439). A propos de Launay, j'ai cité une épigramme de De Maistre : « L'homme vêtu de noir qui dit des choses honnêtes. » Vous la trouvez mauvaise. Affaire de goût. Seulement, c'est peut-être aller un peu loin que, pour cette citation, m'accuser « d'aigreur, » « d'être étrangement prévenu, » enfin, de manquer de tact, « en prenant à l'égard d'un culte établi en France depuis trois siècles et demi, ce ton suranné d'inimitié dédaigneuse! » Tout cela pour un mot. Mais, afin de m'accabler, on rappelle « les trois siècles et demi » d'existence du calvinisme. Que serait-ce si ce culte avait six siècles et quart?

Pour La Place et pour La Boissière, j'ai raconté que le premier avait trop frayé avec la noblesse, et que son parasitisme auprès des grands avait déplu; que le second « bien souvent mangeait des pommes, buvait de l'eau à son dîner, et, par faute de nappe, mettait bien souvent son dîner sur une chemise. » Certes ce détail est un peu réaliste. Mais la phrase est de Palissy. J'aurais pu rire peut-être de cette chemise qui sert de nappe et répéter certain vers des *Gueux*. Qu'importe? je ne me suis pas moins moqué de lui « avec la même malveillance » que de La Place. Mais Palissy est ici le vrai coupable.

Pour Sureau du Rozier, l'histoire est la même. J'ai écrit : « Un ministre, qu'on croit être Sureau du Rozier, » publie un livre où... » Là-dessus vous vous écriez : Sureau n'en est pas l'auteur; c'est prouvé. « Rien ne donne à M. Audiat le droit de le prêter gratuitement à un ministre. » Gratuitement, non. Mais ce n'est pas tout à fait gratuitement. Et j'ai indiqué au bas de la page 247 que je me fondais sur Lacroix du Maine. Sa *Bibliothèque* dit (p. 173) : « Hugues Sureau du Rozier... Il a escrit plusieurs livres en françois, entre autres cestuy-ci par lequel il s'efforce de monstrer qu'il est loisible de tuer et roy et royne ne voulans obéir à la religion prétendue réformée et porter le party des protestants. »

Lacroix du Maine est un protestant, ne l'oublions pas. Il cite pour corroborer ce qu'il avance Jean Le Frère de Laval en son *Histoire de France*, et Belleforest, en ses *Grandes Annales*, auxquelles Bayle ajoute Miles Piguert en son *Histoire de France*, page 457. Si Lacroix, contemporain et huguenot, se trompe et les autres avec lui, je n'en suis pas cause. Au moins serait-il plus convenable de ne pas dire que je prête « gratuitement » ce livre à un ministre, quand surtout j'ai renvoyé à la source. Je sais qu'on a nié que ce fût du Rozier; mais tout récemment le *Bulletin de la Société de l'Histoire du Protestantisme* (numéro de janvier 1868, page 35, et numéro du 15 mars, page 139) l'en reconnaissait implicitement l'auteur, en disant : « qu'importe ? » et qu'« il est permis d'attacher peu d'importance au témoignage d'un homme du caractère de Sureau. » Soit. Vous ajoutez que « tous les pasteurs de Lyon condamnèrent le livre avec éclat, dans un écrit très-explicite et très-vif » (page 440). Le protestant Bayle, lui, trouve que l'arrêt était assez mitigé; ce qui lui donne à penser que la doctrine qu'on dit n'y était pas, parce qu'on l'aurait plus vivement renié. « Je ne saurais croire, dit-il, dans son Dictionnaire, à l'article *Rozier*, que le livre brûlé à Lyon enseignât qu'il fût permis de tuer les rois; je me persuade que, s'il avait contenu une doctrine aussi exécrable que celle-là, les ministres qui le censurèrent, l'auraient foudroyé plus terriblement qu'ils ne le firent. »

Mais ce point n'est pas de ma compétence. J'ai donné mes autorités; qu'on décide si elles sont valables.

Maintenant, si l'on pouvait me donner une bonne définition de l'hypocrisie ! N'est-elle pas, surtout en religion, l'affectation de sentiments qu'on n'a pas ? Et si un pasteur, déjà gagné au catholicisme, continuait à prêcher dans les temples la doctrine de Calvin, et en secret répandait activement les erreurs du papisme; s'il ne renonçait pas aussitôt aux croyances qu'il n'a plus, parce qu'il y a péril à le faire, ne serait-on pas autorisé à parler de sa frayeur et de son hypocrisie ? Pourriez-vous, Monsieur, donner un autre nom à cette conduite ? Ne chasseriez-vous pas aussitôt le loup sous la peau de l'agneau ? Et si c'était un ecclésiastique catholique qui fît cela; ce nom changerait-il ? Non sans doute. Eh bien ! ce fut la conduite de Calvin à Angoulême.

Lui faible ! lui ayant dissimulé par crainte ! Impossible. Et vous « souriez en me voyant prêter *puérilement* à ce grand homme doué d'une si prodigieuse énergie, une crainte hypocrite. » Mais tout grand homme que l'on est, on a ses faiblesses. Si vivace énergie qu'on possède, on peut céder un moment. Vous ne voulez pas que Calvin à Angoulême ait eu peur ! Or Calvin dit de lui-même qu'il était timide et faible : « *Ego qui natura timido, molli et pusillo animo esse fateor.* » Et plus loin : « *Ego qui imbellis et meticulosus.* » L'aveu a son poids ici. Un pasteur, M. Crottet, dans sa *Chronique protestante* (page 97) avoue qu'« il y avait danger à traiter trop ouvertement de pareils sujets dans l'intérieur d'une ville. » On allait donc à la campagne, pour lire des chapitres de l'*Institution* et s'entretenir des abus de l'Eglise.

Vous prétendez qu'au moment où le Réformateur prêchait à Saint-Pierre d'Angoulême, « il n'était pas encore sorti de la communion romaine. » Oui et non. Non, si vous entendez sa rupture éclatante qui eut lieu à Poitiers l'année d'après; oui, si vous voulez parler de son abjuration intérieure. Celle-ci n'est pas douteuse, M. Crottet le dit : « Quoiqu'il observât encore les formes du catholicisme,... » à trois reprises différentes, il fut chargé par le chapitre de cette ville, de prononcer dans l'église de Saint-Pierre les oraisons latines devant le clergé assemblé. Et pendant ce temps il écrivait son *Institution* et faisait des prosélytes. N'y a-t-il pas là quelque chose de louche? Et n'aimerait-on pas mieux qu'il eût franchement déclaré ses sentiments; ou, si le moment n'était pas arrivé, de ne point aller dans une église, assister à ce qui n'était plus pour lui que des momeries, prêcher avec éclat des doctrines qu'il avait déjà rejetées et laisser croire à sa parfaite orthodoxie?

X

Après Calvin, Théodore de Bèze. C'est le dernier des pasteurs que j'aurais maltraités. Voyons en quoi. J'ai dit qu'en 1535, par conséquent aux débuts, « la Réformation, à Genève, ne consistait guère que dans la cessation du culte catholique et la disparition des images et des statues des saints. » Voilà mon crime. Rêvé-je? ou ai-je perdu le sens des mots? Y a-t-il phrase plus inoffensive? Et ne faut-il pas avoir une grande bonne volonté de condamner, pour trouver là matière à accusation? J'interroge tout homme de sang-froid. Qu'il réponde. Il est vrai que j'ai eu un tort. J'ai dit que c'était l'opinion de Théodore de Bèze. « A Genève, selon Théodore de Bèze, la Réformation ne consistait guère que dans la cessation du culte catholique. » Vous me réprimandez fortement d'avoir prêté cette idée à de Bèze. «Notre historien, dites-vous (page 439), non-seulement se plaît à dire» cela; «mais il prétend que c'était là le jugement de Théodore de Bèze lui-même, sur la réforme genevoise. Pourquoi donc Bèze consacra-t-il sa longue vie, sa vaste érudition, ses talents élevés à cette même réforme? D'où vient, s'il n'y croyait pas, que François de Sales ait essayé en vain de le corrompre à beaux deniers comptants, et qu'il montra pendant la peste un si admirable dévouement? D'ailleurs, M. Audiat devrait savoir que, quand on cite les paroles d'un homme illustre contre lui-même et contre sa foi, on est tenu au moins de montrer où on les a trouvées. Il s'en garde bien.»

Je crois comprendre : j'ai certainement inventé ces paroles. Théodore de Bèze était incapable de les prononcer, puisqu'il a montré du dévouement pendant la peste, et que saint François de Sales perdit à le convertir son temps et son argent. Et je me suis bien gardé de dire où je les avais prises; donc il y a fort à parier qu'elles sont de moi.

Faut-il faire *mon mea culpa*, Monsieur? Vous le savez; quelque soin qu'on apporte à ne rien dire que de vrai, l'erreur se glisse malgré vous dans vos écrits. Je me frappe humblement la poitrine. Ces paroles ne sont pas de Théodore de Bèze. J'ai cru qu'elles étaient de lui. C'était à tort. Je m'en confesse, et elles ne sont pas de Théodore de Bèze. Mais elles sont de Calvin, et Théodore de Bèze les a rapportées d'après Calvin.

La scène se passe, le 28 mai 1564, à Genève. Un homme est sur son lit, agonisant. Autour de lui les pasteurs de la ville et des campagnes voisines sont rangés, attendant ses suprêmes conseils et ses dernières exhortations. Le mourant, vous le devinez, c'est Calvin. Le moment est solennel. Que dit le grand chef de la Réforme? Ecoutez, Monsieur, retenez bien ses paroles; elles sont graves : « *At vos, inquit, fratres.... quum primum in hanc urbem venirem, annunciabar quidem Evangelium, sed perturbatissimæ res erant, quasi nihil aliud esset Christianismus quam statuarum eversio; nec pauci erant scelerati a quibus indignissima sum perpessus.* »

Ce passage est extrait de l'ouvrage : *Joannis Calvini Vita a Theodoro Beza, Genevensis Ecclesiæ ministro, accurate descripta*, qui se trouve après la préface du *Commentaire* de Calvin sur la Genèse. Je n'indique pas la page; elle n'est pas numérotée.

Voici comment de Bèze traduit dans son *Histoire de la Vie et Mort de feu M. Jean Calvin, fidèle serviteur de Jésus-Christ.* « A ce propos, il (Calvin) adiousta vn récit de son entrée en ceste Eglise, et de sa conversation en icelle : disant que, quand il y vint, l'Evangile se preschoit, mais que les choses y estoyent fort déréglées, et que l'Evangile estoit à la plus part d'avoir abattu les idoles, qu'il y avoit beaucoup de meschants, et il luy avait fallu recevoir beaucoup d'indignitez. »

Vous pouvez lire cela à la page 127 de l'édition publiée à Genève par Pierre Chouët eu MDCLVII. L'édition qui m'avait servi pour mon livre n'est pas paginée. Celle que je vous indique l'est.

Je pourrais en outre citer cette phrase du *Commentaire sur les Psaumes* : « *Sed res adhuc incompositæ et urbs in pravas et noxias factiones divisa.* » Cela ajouterait un trait au tableau, mais ne ferait rien pour la question.

Vous voyez ma faute. J'ai cru que c'était Bèze qui racontait cela, parce que je l'avais lu chez lui, tandis qu'il citait Calvin. Mais si cette phrase assez caractéristique a pu vous échapper, Monsieur, à vous bien mieux instruit que moi des choses du protestantisme, à vous qui connaissez mieux que personne Calvin, qui surtout savez certainement par cœur les presque dernières paroles qu'il ait prononcées à son lit de mort, ne m'en veuillez pas trop de les avoir, au lieu du maître, attribuées au disciple qui les a recueillies et gardées pour la postérité.

Maintenant, j'ose prendre un peu la défense de Calvin et de Théodore de Bèze contre vous. Vous m'avez accusé de malmener vos pasteurs. Ce sera faire amende honorable pour les autres qu' de plaider pour ces deux. Vous les maltraitez, Monsieur, et certes beaucoup plus fort que moi-même je ne l'ai fait d'après vous. Voilà les deux principaux piliers de la réformation française, les colonnes du temple nouveau, accusés par M. Athanase Coquerel fils lui-même, de n'avoir pas cru à leur œuvre, d'avoir parlé contre leur foi. Et pourquoi ? Pour avoir l'un dit, l'autre répeté qu'au commencement la Réforme à Genève ne consistait que dans le renversement des statues? C'est beaucoup de rigueur. Mes deux clients ne sont point si coupables. Ils ont cru à leur foi ; seulement ils ont rappelé les obstacles qu'ils avaient rencontrés. Moi j'ai cité leur opinion ; je l'ai citée d'après eux-mêmes, d'après la *Chronique protestante*, en propres termes. Tous trois certes ne se doutaient pas qu'un illustre protestant, un jour, les trouverait criminels à ce point. Mais aussi pourquoi M. Audiat les citait-il ? C'est la fable de Midas, avec une variante : tout l'or que je touche se change en fumier.

Je vois ce qui vous a induit en faux jugement. Vous avez cru que je parlais de la Réformation en général. Voilà l'inconvénient de lire des phrases isolées. Ecoutez ma phrase : « Calvin quitta Angoulême en 1535. Il était accompagné de Louis du Tillet, qui le suivit même hors de France, lorsqu'il fut contraint de sortir du royaume. Disons ici que Louis du Tillet fut si peu édifié de ce qu'il vit à Genève, où, selon Théodore de Bèze, toute la Réformation ne nsistait guère que dans la cessation du culte catholique..., qu'il bandonna son maître. Il fit abjuration en 1539. » Il est bien clair que le fait, rapporté par Bèze sur la foi de Calvin, a eu lieu entre 1535 et 1539. Je crois maintenant qu'on ne peut plus les blâmer de leur peu de foi. Grâce donc, Monsieur, pour de Bèze, grâce pour Calvin! Il ne me déplaît pas, à vrai dire, de vous les voir frapper; cela me prouve que si, comme vous m'en accusez, je maltraite « les coreligionnaires de Palissy » je ne suis pas le seul, et que j'ai de notables protestants qui m'en donnent l'exemple. Mais il m'est permis de trouver que vous frappez trop dur. Gardez votre vigueur pour des faits qui en valent la peine. Peut-être en trouverez-vous. En tout cas, Monsieur, si vous voulez les battre, j'aimerais autant que ce ne fût pas sur mon dos. Ne pourrait-on pas les fustiger eux-mêmes directement, sans se servir de moi, et surtout sans m'attribuer, pour montrer mon aigreur, ma partialité, ma malveillance, et autres qualités semblables, des paroles qu'ils ont dites et rapportées ?

Vous voyez où conduit le parti pris de rencontrer des torts chez quelqu'un. On en trouve. Oui, l'on en trouve; mais par quel moyen ?

XI

Vous n'avez pas manqué de me voir répréhensible encore à l'égard de Palissy. Pour celui-là, vous avez raison. Mais ce n'est pas sur les points que vous pensez. Ma faute a été de réveiller ce huguenot qui dormait assez paisiblement dans sa tombe séculaire. J'ai ainsi fourni l'occasion de saisir les restes du bloc de la statue, érigée par moi, avez-vous dit, pour qu'on me les lançât à la tête. Pourtant, si je dois être atteint par ces projectiles et blessé, est-ce à vous à me jeter la première pierre ?

Vos griefs au sujet de maître Bernard se résument en celui-ci: je l'ai amoindri, puisque je ne l'ai pas suffisamment exalté comme calviniste; puisque je me refuse absolument, oh ! mais absolument, à le considérer comme le fondateur de l'Église réformée de Saintes; puisque je n'ai pas compris son énergie; puisque j'ai diminué ses souffrances; puisque je constate que dans son premier livre il n'a nommé ni Luther, ni Calvin, et que dans le second il n'a pas parlé des huguenots; puisque, pour comble d'outrage, je l'ai appelé insolent, et que je supprime son entrevue avec Henri III.

Chacun de ces points aura sa courte réponse. Les lecteurs impartiaux jugeront en dernier ressort. Il en est, je le sais, parmi les abonnés du *Bulletin* où vous m'avez attaqué. Ils comprennent fort bien que ma réponse n'est, pas plus que mon livre, une attaque à leur foi, que, sans la partager, je respecte parce que je veux qu'on respecte la mienne, et que je n'ai pour but ici que de sauvegarder mon bonneur et ma probité d'écrivain.

Non, Palissy n'a pas, dans ses *Discours admirables* en 1580, parlé des protestants, dont la *Recepte véritable* s'occupait à chaque page en 1563. Je me suis demandé si, en voyant les ravages causés dans les provinces qu'il traversait par les guerres civiles, et dont la Réforme était l'occasion, il n'avait pas perdu quelques-unes de ses illusions. Cette explication vous contrarie. Je ne vois pas comment Palissy, ayant un degré moindre d'enthousiasme, aurait cessé d'être dévoué calviniste. En tout cas, donnez une raison à ce silence, autre toutefois que le manque de liberté. Car, en 1563 était-on bien plus libre qu'en 1580, date où Palissy pouvait, sans entrave aucune, faire, pendant plusieurs années, des Conférences publiques, lui huguenot? Vous aimez mieux dire (page 397) qu'à « force d'être injuste, » mon raisonnement « n'est pas même sérieux. »

Il n'a nommé ni Luther ni Calvin, dans la *Recepte véritable*. Je m'en suis étonné, il est vrai, et mon étonnément vous étonne. J'ai dit (page 154) : Quoi! « Il raconte les débuts de la Réforme; il nomme d'infimes prédicants ; il narre par le menu tout ce qui se dit ou se passe, jusqu'aux pommes de terre que mangeait un ministre, et il omet le nom de Luther ! Il ne dit pas non plus celui de Calvin ! Tous ces pasteurs qu'il entretient à Saintes, viennent de Genève; ils ont dû lui parler du maître, de sa doctrine, et Palissy n'a pas un mot pour lui ! Ce silence est digne de remarque. » Le motif, je ne l'ai pas trouvé. Pour vous (page 443) « rien n'est plus simple. » Ecoutons! Ecoutons! « Palissy, en prêchant la Réforme, n'a prêché ni Luther ni Calvin; il a prêché Jésus-Christ et l'Evangile, dont les noms se trouvent à mainte et mainte page de son livre. » Bien. Mais a-t-il prêché Hamelin, La Place, La Boissière, « frère Robin » et frère Nicole ? D'où vient qu'il les a nommés ? S'il les a nommés, il pouvait bien, je ne dis pas prêcher, mais nommer Luther qui était aussi célèbre qu'eux, et Calvin, qui était venu comme eux dans le diocèse de Saintes. Voilà ce qui me cause de la surprise. Vous en triomphez, Monsieur, et vous trouvez que cet étonnement seul « caractérise l'homme et le livre. » Evidemment, un homme qui fait une telle remarque, et un livre où elle est imprimée, ne peuvent être que dangereux. Ils sont bien et dûment atteints et convaincus de partialité, malveillance, légèreté et de lèpre ultramontaine.

Mais si cela « caractérise homme et livre » voilà M. Dumesnil-Michelet bien loti. Il a éprouvé le même étonnement; il l'a consigné dans un livre où je l'y ai retrouvé. Or, comme son nom indique un peu l'esprit dans lequel est écrit son opuscule, il se voit implicitement mis par vous sur le même rang que moi. Etant donnée la bonne opinion que vous avez de moi, vous lui faites peu d'honneur.

Je ne puis comprendre non plus « le rapport étroit de la libre foi protestante de Palissy avec la nature hardie, persévérante, essentiellement investigatrice de son esprit... » (page 497). C'est vrai. Mais qu'on veuille bien me l'expliquer ! Si l'on exige que je félicite la Réforme de lui avoir donné « sa nature hardie, persévérante, essentiellement investigatrice, » qu'on me prouve que c'est à elle qu'il la doit. Sa nature était sa nature. Quand il embrassa la Réforme, il avait une quarantaine d'années. A ce moment, son caractère avait reçu sa trempe. S'il fût resté catholique, n'aurait-il point trouvé l'émail et fait ses découvertes scientifiques ? Qu'on le dise. Je ne vois pas ce que la religion ait à faire dans une combinaison de silex, de soude, de litharge et autres ingrédients. Il fut ferme dans sa foi. Et les catholiques aussi.

L'influence pourtant du calvinisme sur sa destinée fut considérable ; je l'ai déclaré. Et Palissy lui doit beaucoup. D'abord il lui doit, Monsieur, d'être loué par vous. C'est un avantage que tous n'ont pas. Son biographe en sait quelque chose. Il lui a dû ensuite une bonne part de sa célébrité. Dans notre pays, heureusement, on est sympathique aux victimes ; on compatit aux souffrances courageusement endurées même pour une cause qu'on n'approuve pas toujours. Supposons-le resté simplement catholique comme il était né ; sa gloire serait grande encore. Le vanterait-on autant ? « On admira, ai-je dit, ce potier de génie que la loi condamnait au bûcher, que la prison saisit un moment, et que sauvait la bienveillance du roi. Même pour nous que serait Palissy, s'il n'avait un peu souffert ? Sans la scène du four et la mort à la Bastille, la postérité, notre temps ne se fût pas donné la peine de se souvenir de lui. » Cette idée me semble juste. Tel, en effet, ne vaut que par la persécution. Otez-la ; on s'étonne. Le martyr n'est plus qu'un individu ressemblant à tout le monde. Qu'est-ce donc, si les vexations atteignent un homme de génie ? Qu'il est des gens qui ont soif de tourments ! Combien recherchent avec empressement une petite torture ! Vous savez comme cela pose ! Avec quel orgueil joyeux on agite sa palme, et on se drape dans sa robe !

N'exagérons rien. Palissy a souffert. J'ai énuméré toutes ses misères, et montré son courage. Mais je l'ai félicité d'avoir échappé trois fois au bûcher. C'est un de mes crimes. En cela j'ai diminué son mérite. Non, Monsieur ; vous-même, vous vous empresseriez de féliciter un ami, qui, même coupable, viendrait d'échapper aux coups d'une loi même injuste. Ecoutez du reste comment (p. 462) j'ai amoindri les supplices de mon héros :

« Ainsi Palissy achevait dans un cachot une vie commencée dans la gêne et continuée dans la pauvreté. On ne peut s'empêcher de verser une larme sur ce vieillard et de déplorer cette fin. Voilà donc où l'ont conduit ses découvertes, son enseignement, ses travaux ! Ses services n'ont pu faire oublier sa religion ; le génie n'a pas trouvé grâce devant la haine ; la gloire devant la vengeance, etc. »

Ce passage vous a-t-il échappé, Monsieur, ou bien n'avez-vous voulu voir que les fragments épars que vous avez réunis ?

Quant à l'histoire de la Réformation à Saintes, je l'ai racontée en détail d'après le potier saintongeais. Je n'ai pas dissimulé le rôle qu'il y a pris. Je ne l'ai pas surfait. On peut bien écrire sur un drapeau : « Palissy, fondateur de la Réforme à Saintes. » La vérité proteste. Jusqu'à présent les écrivains calvinistes avaient nommé ainsi Philibert Hamelin. Si l'Eglise de Saintes change aujourd'hui, qu'on nous avertisse. Moi je m'en suis tenu à la vieille tradition. Quelle nécessité d'ailleurs de déshabiller Philibert pour habiller Bernard ? Si je l'eusse fait, de quelles foudres vengeresses n'eussiez-vous pas châtié mon audace ! Pour ce seul fait d'avoir rappelé qu'Hamelin, prêtre de Chinon en Touraine, avait deux fois renié le catholicisme, et avait fini par périr huguenot, vous avez prétendu que je donnais de lui « une fausse peinture. » Ce serait bien plus grave, si je lui avais ôté son auréole de premier ministre de l'Eglise réformée de Saintes. Mais alors comment contenter l'imprimeur Hamelin et le potier Palissy ?

Je m'étonne que m'ayant reproché les « bénignes persécutions, » vous n'ayez pas ajouté : Ailleurs le biographe admire beaucoup la fermeté de son personnage dans les tortures. Et si vous me tancez si énergiquement pour n'avoir pas fait assez souffrir Palissy, qu'allez-vous faire à M. Du Sommerard, membre de la Commission de la statue de Palissy ? Est-ce que sur le catalogue du musée de Cluny, on ne lit pas que Palissy est mort « au milieu des honneurs ?»

Reste, Monsieur, l'histoire de la Bastille. C'est par là que je finis cette épître qui doit commencer à vous paraître longue.

XII

Il est à ce propos un mot qui vous a fort remué. Vous vous attachez beaucoup aux mots : ils sont les vêtements de la pensée, mais ils la déguisent parfois et souvent trompent, surtout les yeux qui ne scrutent pas. Ce mot, c'est : insolent. Je l'ai dit ; et, voyez mon obstination ! Je le maintiens. Ah ! ce n'est pas impunément, qu'on vit de longues journées avec un têtu comme notre Saintongeais. On prend insensiblement un peu de son entêtement, si on ne l'a déjà. Vous traitez cette pauvre expression de Turc à More, et dans mon livre et dans mon discours d'inauguration de la statue. Vous citez la phrase du volume; qui vous empêchait de transcrire le passage de ma harangue! Peut-être n'avez-vous pas lu ce morceau. Vous en parlez sur la foi de je ne sais quelle feuille, qui a pu être mal renseignée. Ma phrase a une ligne. Ce n'était pas long à transcrire et cela vous eût évité le léger désagrément d'écrire que j'avais appelé insolent l'inventeur des rustiques figulines. Mais c'était peu de chose que de me mettre cette *insolence* sur le dos. Mes reins sont bons, et une expression enfiellée de plus à porter ne me chargeait pas beaucoup. Donc, au lieu de lire mon discours, vous avez préféré le citer; au lieu de l'entendre, en parler. Vous commencez par une peinture énergique et terrible de Henri III, « un de ces êtres les plus vils que l'histoire mentionne... la lie, l'opprobre sanglant du genre humain. » Comme pendant, vous placez le potier pur, chaste, immaculé. Et avec une émotion, si vive que j'aime à la croire vraie, vous vous écriez que, le 2 août 1868, moi, portant la parole au nom de la Commission, j'ai jeté à la face de notre artiste, devant le public qui était tout plein d'enthousiasme, à Palissy, cette épithète : « Insolent ! »

Vos lecteurs, Monsieur, ont-ils cru cela? Ecoutez un peu comme je parlais à l'inventeur des rustiques figulines :

« Maître, salut. Te voilà debout dans notre ville, dominant la foule qui t'admire. Les générations peuvent passer; tu resteras grand par ton génie, grand par ton caractère, grand par le talent de celui qui t'a représenté. Exemple vivant, tu montreras ce qu'il faut de patience et de travaux pour arriver à la gloire; et au prix de quelles douleurs s'achète la célébrité. Tu encourageras les défaillants; tu soutiendras les faibles; tu exciteras les vaillants. La vie n'est pas toujours la voie triomphale que tu suis aujourd'hui. La jalousie, la calomnie, l'ineptie coassaient autour de tes oreilles. Tu marchais ton chemin, calme, fort, résigné, dédaigneux. C'est par là que tu fus grand. Ton caractère sortit de l'épreuve, comme tes émaux de la fournaise, épuré, inaltérable, solide. Qu'il en soit ainsi pour quiconque est un moment frappé par la douleur..... Car le dédaigné devient le glorieux; le fou d'aujourd'hui est le grand homme de demain; et un jour, l'on est contraint de mettre sur le pinacle celui qu'on avait traîné aux gémonies. »

C'est à propos de ce discours, non pas précisément de ce passage, je crois, que vous poussez ce cri d'effarement : « Est-ce donc en de pareils sentiments qu'on élève la génération nouvelle? » Vous oubliez, Monsieur, que délégué de la Commission, je n'avais là à élever aucune génération, ni nouvelle, ni ancienne. Ensuite vous voulez faire croire que j'ai une vive admiration pour les vices de Henri III et une haine violente pour le courage de maître Bernard. Voici votre phrase : « Près de trois siècles plus tard, aux pieds de la statue enfin inaugurée de ce martyr, sur une place publique, au milieu d'une vaste assemblée officielle et populaire, un des maîtres de notre jeunesse — il paraît que vous y tenez — traite d'insolent l'un de ces deux hommes. Mais ce n'est pas à l'infâme acheteur de conversions que le mot est appliqué; c'est au martyr qui refusa de se vendre... Est-ce donc en de pareils sentiments... » Toute votre éloquence porte à faux, par cette seule raison que je n'ai pas traité Palissy « d'insolent. » Ah! Monsieur, j'ai prononcé mon discours à haute voix; il vous était loisible de l'écouter puisque d'autres l'ont entendu. Il a été imprimé. De quel droit, quand il était si facile de citer la phrase, venez-vous me faire dire exactement le contraire de ce que j'ai dit? J'ai dit « que Palissy n'avait pas été insolent. » Vous, vous avez entendu qu'il l'avait été; voilà toute la différence. Mon héros m'était si cher, que j'ai voulu publiquement en ce jour solennel, le laver du reproche d'un manque de convenance à l'égard de son roi et de son ami. « Il n'a pas tenu à Henri III le langage insolent qu'on lui prête. » Est-ce bien clair ? Oui, n'est-ce pas; il ne peut y avoir obscurité. Le mot s'applique non pas au personnage, mais à une parole qu'on lui a *faussement* prêtée. C'est ce qu'il fallait dire. Et si à présent vous me demandez comment « on élève la génération nouvelle, » je répondrai : Dans le respect pour la vérité, Monsieur, et dans l'horreur pour la calomnie même involontaire.

Discutons maintenant sur le sens du mot, si vous le voulez. Et nous nous entendrons, j'espère. Je voudrais bien au moins être une fois de votre avis. Ce serait un grand bonheur si je pouvais dire : M. Athanase Coquerel pense comme moi sur ce point.

Il y a deux versions, celle de l'*Histoire universelle* et celle de la *Confession de Sancy*. Dans la première, Palissy est ferme sans jactance; dans la seconde, il est ferme, mais avec arrogance. Or, quand je parle de la seconde, vous pensez à la première. Puis si je dis : Il a eu tort de répondre à une marque d'intérêt par une parole inconvenante, vous répétez : Il a bien fait de ne pas vendre sa conscience. Oui; il a bien fait de rester ferme, oui, il est beau de mourir pour ses convictions, mais l'énergie exclut-elle la politesse?

J'ai qualifié ainsi le passage de l'*Histoire universelle* : « Palissy y est ferme sans arrogance, » et (page 458) « plus modeste avec autant de fermeté. » Vous souscrivez sans doute à ce jugement. Le fond est le même dans la *Confession de Sancy;* mais quelle différence dans la forme ! Voyons la première : « Sire, j'étais tout prêt de donner ma vie pour la gloire de Dieu. Si c'eût été avec quelque regret, il serait éteint en ayant ouï prononcer à mon grand roi : *Je suis contraint.* C'est que vous et ceux qui vous contraignent ne pourrez jamais sur moi, parce que je sais mourir. » Comme il est fâcheux que cela ne soit pas authentique. Ces paroles sont vraiment belles et je les admire. Ce qui vous prouve, Monsieur, que je n'en veux pas à d'Aubigné sur tous les points.

Quelle différence de ton dans le *Sancy!* « Vous m'avez dit plusieurs fois que vous aviez pitié de moi. Mais moi j'ai pitié de vous qui avez prononcé ces mots : J'y suis contraint; ce n'est pas parler en roi. Ces filles et moi, nous vous apprendrons ce langage royal que les Guisarts, tout votre peuple et vous ne sauriez contraindre un potier à fléchir les genoux de.ant les statues. » Comme ici la note change! Ce langage est-il grossier? — Non? — Alors l'autre est bas et abject. Si maître Bernard devait répondre sous cette dernière forme « à cet ignoble souverain qui veut acheter sa conscience, » il est vil d'appeler plus haut « mon grand roi » celui que vous nommez «la lie, l'opprobre sanglant du genre humain. » Il n'y a pas de milieu, ou plat flatteur ou arrogant. Vous sentez comme moi, Monsieur, n'est-ce pas? La constance et l'énergie ne gagnent rien à l'emploi des gros mots, pas plus que la vérité et la raison. Si nous n'étions pas d'accord sur ce point, je croirais qu'il y aurait deux manières d'entendre la politesse. Vous pouvez être assuré, Monsieur, que je ferais tous mes efforts pour avoir celle de l'*Histoire universelle*, laissant à d'autres celle du *Sancy*.

Oui, dans mon livre et dans mon discours j'ai donné l'épithète d'insolent au langage que le *Sancy* prête à Palissy. Ce n'est pas à maître Bernard, ce n'est pas au langage qu'il a tenu, c'est à celui qu'a fabriqué pour lui d'Aubigné. Voyez combien mon expression qui vous cause une indignation si poignante perd de sa gravité! Et vous l'eussiez vu de suite, Monsieur, sans certaine préoccupation de me trouver toujours en faute.

Vous le dirais-je? c'est la conversation du *Sancy* qui a éveillé mon attention. Quoique catholique, j'use beaucoup du libre examen. J'ai fait ainsi plusieurs battues dans mon esprit et j'en ai chassé un assez gros nombre d'idées fausses, préjugés d'éducation, de famille, opinions toutes faites, erreurs qui courent les rues et qu'on aspire avec l'air ambiant. Le texte de d'Aubigné fit naître en moi des soupçons. Je connaissais mon Palissy, l'ayant fréquenté un assez long temps. Je le savais railleur, goguenard, énergique, mais plein de respect pour ses protecteurs et de déférence pour les puissants. Je le voyais, lui huguenot, ami du connétable de Montmorency, dédiant son dernier ouvrage au catholique Antoine de Pons, et, tout en conservant sa foi, vivant en fort bons termes avec les plus dévoués catholiques, avec le duc de Montpensier, le comte de Burie, et Catherine de Médicis et Charles IX. Comment lui, sujet fidèle, vieillard, homme de cœur, recevra-t-il le fils de sa protectrice, celui dont il n'a eu que des bienfaits, son roi qui daigne le visiter dans son cachot? Le roi est vil; soit. Et puis? Mais pour Palissy Henri III n'est-il plus toujours le roi, toujours le fils de celle à qui il doit deux fois la vie? Il a été poli. Le roi l'a prié de changer de religion, sinon il laisserait la loi avoir son cours. Faiblesse! Soit encore. Mais enfin il eût été heureux de sauver du coup l'âme et le corps de son inventeur des rustiques figulines. Qui de nous, sachant son ami en péril de mort, s'il ne renonce à une opinion que nous tenons pour fausse, ne fera des efforts pour lui sauver la vie ? Un prisonnier serait bien impertinent si un souverain qui est son ami, daignant l'aller visiter pour l'exhorter à quitter l'erreur où il croit qu'il est, il lui disait : « Sire, j'ai pitié de vous, et je vous apprendrai à mieux parler ! »

Voilà mon raisonnement ; et c'est ainsi que j'ai été amené à repousser complétement le récit de d'Aubigné. Vous y croyez encore, Monsieur, moi j'y ai ajouté foi jusqu'à l'année dernière. Mais, dès ma première édition, je doutais. J'ai publié ma dissertation dans la *Revue des Questions historiques*. Après avoir attendu une rectification qui n'a point paru, je l'ai reproduite dans mon livre. J'ai donné mes preuves. Vous avez répondu à quelques-unes. Les autres, vous les avez prudemment passées sous silence. Je ne veux pas recommencer ma démonstration. Vous trouvez que les erreurs de fait, de date, de personne, de lieu, que j'ai signalées dans le court récit de d'Aubigné, un peu plus d'une page pour les deux versions, et dont vous admettez une partie, ne lui ôtent pas beaucoup de sa valeur. Il est vrai que douze fautes moindres dans mes 480 pages enlèvent à mon livre « beaucoup d'autorité. » Vous auriez pu cependant, vous si prompt à vous étayer de l'autorité de M. Tamizey de Laroque, quand il s'agit de me chercher noise, rappeler qu'il avait, lui, qui s'est occupé beaucoup de Palissy, trouvé « péremptoire » ma réfutation de d'Aubigné.

Vous pensez que l'absence de d'Aubigné sur le théâtre de la scène, absence dont vous ne parlez pas du reste, son séjour en Saintonge, que j'ai démontré, pendant la captivité de Palissy à Paris, n'est pas un motif de croire qu'il aura été mal renseigné. Voyez la facilité de nos communications, la promptitude de nos informations ; et pourtant que d'erreurs il se commet chaque jour ! Sans sortir de notre sujet, ne lisons-nous pas dans la *Biographie* Didot qu'Agen a une statue de Palissy en bronze ? Vingt journaux, même les nôtres, n'ont-ils pas imprimé qu'Angers avait donné 30,000 francs à M. Taluet pour fabriquer une statue du potier saintongeais ? Je puis vous envoyer une photographie, où l'on voit que notre fête d'inauguration a eu lieu le 24 juillet. Vous-même, Monsieur, n'avez-vous pas écrit que le président de la commission de la statue de Palissy était Mgr l'archevêque de Reims, et que j'avais envoyé à la face de Palissy, le jour de son triomphe, l'épithète d'insolent ? On vous a dit cela et vous l'avez cru. On a dit à d'Aubigné ce que vous savez ; il l'a cru comme vous.

XIII

Et l'alibi? Vous le niez. Et comment? Par un moyen bien simple. Je le recommande aux discuteurs embarrassés. J'ai dit que les Foucaudes n'avaient jamais mis le pied à la Bastille, et que d'Aubigné qui les y montre se trompe. J'ai dit que les propositions honteuses de Maulevrier n'avaient pas eu lieu pour cette raison. Vous tenez à ces propositions. C'est votre droit. Mais comment les concilier avec les faits ?

D'après d'Aubigné, Palissy est à la Bastille et les Foucaudes avec lui. D'après tous les écrivains protestants, elles sont au Châtelet et à la Conciergerie. Vous vous tirez de ce mauvais pas en déclarant que « d'Aubigné n'a pas dit en quelle prison étaient les deux sœurs Foucaud. L'alibi n'a ici aucun sens. » C'est bien là votre pensée ; car à la même page, vous dites : « M. Audiat prétend que, selon d'Aubigné, les deux sœurs Foucaud étaient dans la même prison que Palissy... Mais rien de pareil n'est dit par d'Aubigné... La Bastille n'existe pour elles que... dans l'esprit prévenu de M. Audiat. » C'est encore moi qui vais porter la peine de la faute de d'Aubigné. Je m'aperçois, Monsieur, que toutes les fois qu'un protestant fait ou dit quelque chose qui ne vous plaît pas, vite vous me l'attribuez, afin de pouvoir frapper ferme sur « un ultramontain. » Et ce système vous l'avez déjà plus d'une fois appliqué. Peut être serait-il temps d'en changer. Il est commode pour celui qui donne les coups, mais celui qui les reçoit... Et puis peut-être n'est-il pas tout à fait dans les règles. Vous avez supprimé des guillemets pour m'attribuer un style violent qui n'était qu'une citation de Florimond de Rémond, faite par un pasteur de Genève. Vous m'avez accusé, moi, d'avoir inventé un fait qui était une insulte à la foi de Théodore de Bèze, et j'ai dû vous démontrer que je le tenais de Théodore de Bèze, qui l'avait appris de la bouche même de Calvin, sans compter le reste. Peut-être est-ce assez : et la méthode doit être usée.

Vous avez raison cependant. D'Aubigné ne dit pas que les Foucaudes fussent à la Bastille. Mais s'il dit que Palissy était à la Bastille, et que les Foucaudes étaient avec lui, pourra-t-on affirmer deux fois qu'il n'est question de la Bastille pour les deux sœurs, que dans l'esprit prévenu de M. Audiat? Lisons :

« L'âge de quatre-vingts ans qu'il (Palissy) avait en fit l'office à la Bastille. » Bernard est donc à la Bastille puisqu'il y meurt.

Ecoutez maintenant le roi :

« Mon bonhomme... il m'a fallu mettre en prison ces deux femmes et vous. » En quelle prison? A la Bastille, sans doute. Le roi est à la Bastille; Palissy est à la Bastille; l'entrevue a lieu à la Bastille. Henri en disant : « Je vous ai fait mettre en prison à la Bastille, vous et ces deux femmes, » ne peut vouloir dire : « Vous à la Bastille, et ces deux femmes à la Conciergerie. » Peut-on supposer que du fond du cachot de la Bastille, le roi montre à Palissy du doigt les deux pauvres femmes qui sont dans les cachots de la Conciergerie ou du Châtelet? La distance est respectable, et les murailles de la vieille forteresse n'étaient pas plus diaphanes que les maisons centrales de nos jours. Et Palissy? Comment comprend-il, quand le roi lui fait voir les deux femmes? Répond-il qu'il ne les voit pas? Non; il les voit. Il sait même une particularité assez intime, qu'*hier* on est venu les demander pour le lit du roi. Heureux des prisonniers qui sont si vite et si bien informés! Nous avons fait de très-grands progrès, nous autres. Nous n'en sommes pas arrivés à ce que les prisonniers de la Roquette sachent, dès le lendemain, ce qu'on a proposé secrètement à quelque détenue de Saint-Lazare. Quoi! parce que d'Aubigné, nommant les prisonniers de la Bastille, n'aura pas répété, à chaque nom, le mot de *Bastille*, il n'y aura que le premier qui y sera renfermé? Permettez-moi, Monsieur, à ce propos, de rappeler que vous avez raillé ma « pauvreté d'argumentation... » Je n'en dirai pas davantage.

Pourtant un mot encore sur ce sujet. Vous avez dit que Palissy est mort à la Bastille; et là-dessus vous vous en rapportez à d'Aubigné : « D'Aubigné, écrivez-vous (page 504), raconte ce qui se passe à la Bastille. » Or, trois pages plus haut, vous avez copié cette phrase de d'Aubigné qui fait dire à Bernard par Henri III : « Il m'a fallu mettre en prison, — à la Bastille, certainement, et non pas au Châtelet, — ces deux femmes et vous. » Ce qui ne vous empêche pas de dire à la page suivante : « D'Aubigné n'a pas dit en quelle prison étaient les deux sœurs Foucaud. » J'ai eu l'honneur de vous demander si vous aviez lu mon livre. Quelqu'un plus indiscret encore pourrait se demander si vous avez lu vos articles.

Et de L'Estoile. Vous l'avez un peu négligé. Revenons-y. J'ai admis son récit. Vous aussi! Et vous essayez de le concilier avec celui de d'Aubigné. Peine stérile. Les Foucaudes sont à la Conciergerie et au Châtelet. Elles n'ont pas mis le pied à la Bastille. Donc d'Aubigné a tort de les y mettre. Nous venons de voir s'il les y croit. Est-ce un alibi? Vous aurez beau prétendre que « la Bastille n'existe pour elles que dans l'esprit prévenu de M. Audiat; » l'alibi est et restera parfaitement démontré.

Comme on ne trouve aucune de ces fautes graves dans la version de L'Estoile, comme L'Estoile était sur les lieux à Paris, et d'Aubigné en Saintonge et en Poitou; comme L'Estoile a été fort lié avec Bernard, et que d'Aubigné ne l'a connu que de nom; comme L'Estoile a narré les diverses visites de Henri III aux prisons; comme, racontant en détail la captivité et la mort du potier, son ami, il n'a point parlé de son entrevue avec le roi; comme cette conversation où le roi joue un fort vilain rôle, ne repose que sur le dire d'un écrivain suspect déjà, par mainte erreur historique et sa partialité contre Henri III, et que son récit a erreur de date, erreur de personnes et alibi, j'ai relégué au rang des fables cette entrevue jusqu'ici unanimement adoptée comme authentique par les historiens. Qu'on me combatte, je le veux bien, mais non en ne s'attachant qu'à quelques inductions morales données par moi à l'appui des faits cités, et en passant sous silence, comme s'ils n'existaient pas, les preuves les plus fortes et les arguments décisifs.

XIV

J'avais promis de répondre à tous vos griefs? J'ai tenu parole. Vos lecteurs peuvent voir à présent si j'étais digne de votre merveilleux courroux. Ils savent maintenant à l'aide de quels procédés on transforme un écrivain en ennemi ardent, emporté, irréfléchi, malveillant, en dénigreur systématique, en injurieur patenté, en calomniateur ignorant.

La recette est facile et fort commode. On généralise une pensée particulière, on isole un membre de phrase, on supprime des mots, on affirme hardiment le contraire de ce qui est.

Vous avez dit que c'étaient « les savants articles » du pasteur Barthe qui ont inspiré l'esprit de mon livre. Lorsqu'ils parurent, ce livre était écrit et en grande partie *publié.* C'était sous l'influence d'une Commission présidée par un évêque qu'il avait été composé, et la Commission n'a jamais eu pour président que le maire de Saintes, laïque et père de famille.

J'ignore les usages protestants, parce que j'ai mis *titre* au lieu de *charge;* et vous, vous prenez Launoy pour un *abbé.*

Je déclare que le *Simultaneum* exista, en Saintonge notamment; vous affirmez qu'il me paraît presque chimérique, et pour me convaincre, vous renvoyez avec une ferme assurance le lecteur à la page où je dis qu'il eut lieu à La Rochelle.

Je donne des preuves pour montrer l'inauthenticité de l'entrevue de Henri III; vous supprimez les meilleures. Pour la présence des Foucaudes à la Bastille dans le récit de d'Aubigné, je cite d'Aubigné;

vous écrivez deux fois que cette présence est un rêve de mon esprit prévenu. Ce qu'il y a de plus fort, vous citez vous-même le texte de d'Aubigné qui les y montre, et vous affirmez, sans ambages, hautement, que c'est moi, non d'Aubigné qui les y met.

A la face d'une foule immense, je crie de toute la force de mes poumons : « Non, Palissy n'a pas été insolent. » Je l'imprime, et vous, vous entendez, vous lisez que je l'ai traité d'insolent.

J'exalte les Psaumes, vous prétendez que je les traite irrévérencieusement, et avec eux les livres saints.

Je cite un mot de Gobet ; vous retranchez, *comme le remarque Gobet*, et vous m'attribuez le mot.

Je cite une expression de Florimond de Rémond. Vous omettez : *dit Florimond de Rémond*, vous supprimez les guillemets et le point, puis avec de grands airs de stupéfaction et d'indignation profonde, vous foudroyez « mon style violent et inexact. » ·

Vous dénoncez comme un crime, comme une grave atteinte à la foi, à la conviction religieuse de Théodore de Bèze, à son dévouement pour la Réforme, une phrase fort inoffensive du reste, que vous m'accusez de lui avoir faussement prêtée. Et cette phrase, inventée par moi pour nuire à Théodore de Bèze, est de Théodore de Bèze, et de Calvin en outre.

Suis-je parvenu, Monsieur, après ce long et fastidieux examen que je ne voudrais pas recommencer, et que la nécessité seule m'a contraint d'entreprendre, suis-je parvenu à vous convaincre sur quelques points ? Je le voudrais ; et le dirais-je ? j'ose l'espérer. Car vous êtes un homme loyal que la prévention peut égarer un moment peut-être, qui, comme moi, pouvez vous tromper en prenant un III pour un II, et des guillemets pour un point-virgule ; mais qui reconnaissez votre faute, si elle vous est démontrée. Ai-je été assez heureux pour ramener à une plus saine appréciation du biographe de maître Bernard, les lecteurs impartiaux que compte le *Bulletin de la Société de l'Histoire du Protestantisme français*, et dissiper au moins quelques-unes des idées injustes qu'ils se faisaient et du livre et de l'auteur ? C'est mon désir. J'ai eu le cœur blessé de ces expressions qui entachaient ma probité d'écrivain. J'ai répondu sur-le-champ. La dignité froissée ne compose pas, et chacun sent l'honneur à sa façon. Moi je le mets, homme de lettres, à ne rien écrire que de vrai, et à ne pas laisser, sans protester, passer des accusations graves qui lui portaient atteinte. J'avais en outre à défendre ici la décision de l'Académie française, les suffrages du conseil général. J'avais enfin et par-dessus tout mon honnêteté littéraire et mon honorabilité d'écrivain à sauvegarder.

Je l'ai fait, je crois. Quiconque aura suivi ce débat, quiconque m'aura lu avec attention, le reconnaîtra. Non, je ne suis pas l'écrivain qui reçoit un mot d'ordre avant de penser et d'écrire. Non, je n'ai pas l'esprit prévenu de l'historien rancunier qui calomnie et diffame par système. Mon livre est une étude et non pas un factum. Si devant le mal et le bien, la scélératesse et l'héroïsme, l'erreur et la vérité, il prend parti pour la vérité, l'héroïsme et le bien, lui en fera-t-on un crime? Il a flétri les vices, il a eu horreur du sang versé, il a exalté les simples et généreuses vertus. Serait-ce pour cela que vous l'appelez pamphlet? Il a essayé d'être calme, de juger froidement et sans passion aucune ce qu'il n'approuvait pas; il ne s'est pas cru obligé d'encenser de faux dieux, d'allumer des cassolettes au nez de je ne sais quelles médiocrités surfaites, ne demandant conseil qu'à sa raison. Vous n'avez pu supporter tant d'audace.

Ce qui vous a choqué surtout, c'est d'avoir vu Palissy vanté sans emphase, apprécié sans déclamations, jugé enfin et descendant un peu de cette haute colonne où deux ou trois fanatiques l'encensaient comme le premier révolutionnaire de son époque, lui l'ami et le protégé respectueux de tous les grands seigneurs de son temps, comme un des chefs de la religion réformée, pour avoir été ferme dans sa foi, lu deux ou trois fois des psaumes à cinq ou six de ses amis, et charitablement secouru de son influence, même peut-être de ses pommes de terre, un ou deux ministres qui avaient besoin des deux.

Est-ce pour cela amoindrir sa gloire et amincir ses mérites?

Les biographes, je le sais, s'éprennent le plus souvent de leur personnage. Ce n'est pas un homme, c'est presque un dieu; c'est plus qu'un héros, c'est une maîtresse chérie dont les défauts sont des qualités, les faiblesses des mérites, les vices des attraits de plus. On se prosterne et l'on adore. L'idole a son prêtre; même ses fidèles se groupent béats autour de l'autel, et malheur à qui viendrait y toucher. Ce fétichisme, je le comprends, mais ne le partage pas. J'ai une vraie admiration pour maître Bernard et une vive sympathie. Je ne m'aveugle pas et refuse de m'aveugler sur lui. J'ai écrit « une étude, non un panégyrique, une histoire, non une oraison funèbre. » Tel est pour moi le devoir d'un biographe. « Palissy, ai-je dit, paraîtra débarrassé d'une auréole menteuse qui sera, je l'espère, remplacée par une couronne plus solide et dégagée d'une foule de légendes qui peu à peu transformeraient le penseur saintongeais en héros mythologique. » Voilà l'esprit dans lequel a été conçu mon livre. Est-ce là le faire déchoir de son piédestal glorieux?

Méthode assez bizarre, en effet, que d'élever des monuments et d'écrire des livres en l'honneur des gens pour les rabaisser! Et faire cette belle découverte n'indique point un esprit ordinaire!

Quatre ans et demi nous avons travaillé à la statue avec une énergie dont le potier saintongeais nous avait donné l'exemple. « Seize cent quarante huit lettres ont été écrites, et douze cent quarante circulaires répandues, ô chiffres du rapport. Comme les autres, j'ai pris la bourse et m'en suis allé de porte en porte recueillir des pièces de monnaie, et parfois autre chose. Après un premier refus, j'ai pu obtenir de faire à Saintes des conférences pour l'artiste émailleur, puis à Paris, puis à la Rochelle. La *Revue des Cours publics* les a publiées. J'ai écoulé une édition de mon livre au profit de son monument, et composé un volume qui n'est pas sans le faire un peu mieux connaître, c'est-à-dire apprécier. Vous m'avez contraint de rappeler ces faits, Monsieur, en m'accusant de m'être efforcé de ravaler Palissy. S'il y a de la vanité, de la fatuité, ou de l'orgueil à les énumérer, que la faute en retombe sur vous; j'y suis forcé. Et si l'on trouve que, pour ce huguenot, moi catholique, je n'ai pas assez dépensé d'efforts et de temps; si ce n'est pas assez d'avoir écrit un volume que l'Académie a couronné; si ce n'est pas assez d'avoir, c'est vous qui l'avez dit, « érigé une statue » à l'un des vôtres, eh bien! Monsieur, faites davantage.

« Les coreligionnaires de Palissy, » qui essayèrent, il y a vingt-quatre ans, de lui élever une statue, eussent bien dû ne pas s'arrêter à la cinquantième souscription; vous n'auriez pas eu la douleur de nous raconter qu'elle avait été érigée en 1868, par une Commission dont Mgr. Landriot était le président et M. Audiat le secrétaire. Enfin, vous nous avertissez (page 505) que vous avez été plusieurs fois « sur le point d'entreprendre, vous aussi, une monographie de ce grand homme. » Que n'eussiez-vous persévéré? Je n'aurais pas songé à écrire la mienne, Monsieur; la vôtre eût été bien meilleure, certainement, et surtout vous en eussiez été plus content.

Rien de cela n'a eu lieu. Je le regrette plus que vous, qui le regrettez vivement. Aussi tâchez de trouver autour de vous des gens qui agissent mieux à votre gré. Cherchez-en qui fassent pour chacune de vos illustrations ce qui a été fait pour l'une d'elles. Puis, au premier qui tentera d'en couler une en bronze, ou d'en sculpter une autre en marbre, lancez-lui l'apostrophe de pamphlétaire.

J'ai l'honneur d'être, Monsieur, votre très-humble et fort reconnaissant serviteur.

Saintes, le 29 octobre 1868.

Je mets à la suite de cette réponse qu'a bien voulu, à ma simple demande, publier le *Bulletin de la Société de l'Histoire du Protestan-*

tisme français dans ses livraisons du 15 décembre 1868, page 603, et du 15 janvier 1869, page 40, la réplique suivante, qu'il a refusé d'insérer, mon droit et la justice exigeant peut-être que j'eusse deux fois la parole, puisque mon adversaire l'avait eue deux fois.

19 février 1869.

Monsieur,

Je viens de lire dans le *Bulletin de la Société de l'Histoire du Protestantisme français*, livraison du 15 février, la lettre que vous m'avez fait l'honneur de m'adresser. Vous l'appelez une réponse. C'est la flatter un peu. Car, au lieu de discuter les points en litige, l'entrevue à la Bastille par exemple, vous donnez une page à deux minuties qui n'en valaient pas la peine. Pour le fond du débat, altérations de sens et de mots, substitutions d'auteurs, accusations exagérées ou fausses, ce qui seul a quelque gravité, vous le laissez prudemment à l'écart. Votre silence est significatif. Permettez-moi d'en prendre acte.

C'est tout ce que j'aurais peut-être dit, Monsieur. Mais il y a dans votre réplique trois nouveaux griefs. J'étais, la première fois, haineux, malveillant, injuste, que sais-je encore. Aujourd'hui vous m'accusez de manquer de tact et de cœur, d'être injurieux, peu poli et nullement sérieux. Voyons.

A propos de Palissy, dont les malheurs, très-réels, me paraissent souvent surfaits par l'esprit de parti, j'ai dit que bien des gens ne valent que par la persécution, et que rien ne pose comme le martyre. La phrase est très-générale. Vous vous l'êtes appliquée. Pourtant je ne songeais pas à vous. Car, c'est par vous que j'apprends « les douleurs profondes d'un ministre de Jésus-Christ frappé depuis cinq ans. » Très-peu au fait des détails d'administration intérieure du protestantisme, j'ignorais complétement cette circonstance, et que les calvinistes fussent persécutés par d'autres que par les catholiques.

Quant au « deuil que laisse un pasteur aussi éminent et un père aussi vénéré » que le vôtre, je ne sais nullement ce dont vous voulez parler. Je n'accepte donc pas votre leçon de civilité qu' « à défaut du tact ordinaire aux gens du monde, un peu de cœur aurait dû m'avertir. » Le tact aurait peut-être consisté à ne pas croire qu'on s'occupait de votre personnalité, lorsqu'on n'y songeait point.

Ce n'est pas tout. Je suis « peu poli. » Venant de vous, le reproche a vraiment de quoi surprendre. J'ai transcrit une demi-page de vos douceurs à mon endroit : emporté, violent, un peu impie, pamphlétaire, et le reste. Quelle épithète donnez-vous donc à celui qui se sert de pareilles expressions? Ah! si c'était moi!

De plus, ma lettre est injurieuse, parce que, plusieurs fois, j'ai, en signalant vos altérations de textes et de pensées, faits graves sur lesquels il n'y a pas une syllabe de réponse dans vos cinq pages, j'ai eu la courtoisie de croire à votre bonne foi. Ainsi, c'est être injurieux que d'admettre votre loyauté. Et vous ne voulez pas (page 99) qu'une falsification puisse être faite sans intention méchante. Eh bien! soit; n'en parlons plus.

En outre, je ne suis pas sérieux. Accusé d'avoir inventé une phrase que je prêtais à Théodore de Bèze et d'être l'auteur de quelques propositions qui vous choquaient, j'ai donné le texte et rétabli les noms que vous omettiez. C'est là, répliquez-vous, « la plus banale des mauvaises excuses, » et « la réponse de nos écoliers quand nous les réprimandons.» Fallait-il donc m'incliner et passer condamnation? Supposons que je rencontre dans un de vos ouvrages ces mots cités : « *La liberté de conscience est un dogme diabolique.* » Si je les mets sous votre nom, n'aurez-vous plus le droit de crier : «Ils ne sont pas de moi? C'est de Bèze qui les a écrits, — *Epistolæ theologicæ, I; —* LIBERTATEM CONSCIENCIIS... EST ENIM HOC MERE DIABOLICUM DOGMA?» Serait-ce «la plus banale des mauvaises excuses» et l'argument d'écoliers qui répondent: « C'est Rémond, ou c'est Gobet? » Croyez-moi, la vraie et franche droiture consiste à citer exactement, scrupuleusement, rigoureusement. Dire qu'il importe peu d'attribuer à l'un ce qui appartient à l'autre n'est qu'un subterfuge.

Mon livre n'est pas plus sérieux que moi. — Pourquoi donc lui avoir fait l'honneur d'une attaque en vingt pages in-8°? Est-ce donc pour rivaliser avec son peu de valeur que vous avez semé tant d'erreurs dans vos deux articles? Toutefois alors vous avouiez qu'il n'était pas tout à fait sans mérite. Aujourd'hui, il ne vaut plus rien du tout. Ma lettre a dû lui nuire dans votre esprit.

Cette lettre, en effet, est tout aussi peu sérieuse, puisque je vous ai reproché certaines fautes qui, n'étant pas typographiques, pouvaient néanmoins passer pour telles : « son *Précepte* » pour « sa *Recepte*, » et autres. Mais l'étiez-vous véritablement quand vous regardiez comme ôtant trop de valeur à mes 480 pages dix ou douze fautes semblables? Et encore n'aviez-vous pas pris la peine de les découvrir vous-même, trouvant plus commode, et plus sûr aussi, de les emprunter à un écrivain spécial qui regrette de vous voir citer ses remarques critiques sans les éloges qui les atténuaient singulièrement.

Je ne suis « ni poli ni sérieux » à la fois en parlant de Jean de Launoy. Voici comment. Voyant chez vous Launay, un des Seize, et Launoy, docteur de Sorbonne, écrits tous les deux *Launay*, j'ai cru à une coquille ; et, sans aucunement vous l'imputer, j'ai simplement remarqué qu'elle pouvait causer facilement un *quiproquo*. Généreusement, vous revendiquez la faute :

Me, me; adsum qui feci.

Ce n'est pas mon imprimeur, c'est moi ; à l'inverse des écoliers de tout à l'heure. Et ici vous faites une petite dissertation. « Moréri, dites-vous, les appelle *Launoy* l'un et l'autre. » — Pardon ! Moréri met *Launoi* ; et les deux articles, placés à la suite, ne peuvent être confondus. — Puis, preuve étonnante de logique ! vous vous autorisez de l'exemple de Moréri qui dit *Launoi* pour écrire *Launay*. Vous ajoutez que les syllabes *oi* et *ai* se prennent l'une pour l'autre, et qu' « il ne faut jamais avoir lu l'histoire dans les documents pour ignorer que l'orthographe de ces noms a souvent varié. » Le trait est à mon adresse. Merci.

Eh bien ! Monsieur, c'est dans les documents que j'ai vu Mathieu de Launay traduit par *Launaeus* et Jean de Launoy par *Launoius*. Donc, ceux qui distinguent, même par l'écriture, Launay de Launoy n'ont pas tout à fait tort. Du reste, si « l'orthographe de ces noms a varié, » il y a longtemps qu'elle ne varie plus. — Moréri, d'ailleurs, vivant à une époque où l'on imprimait *François* pour *Français* et *monnoie* pour *monnaie*, a suivi ici l'usage de son temps. Si vous désirez, Monsieur, employer les formes anciennes, ne vous gênez pas ; l'archaïsme est fort à la mode. Mais soyez conséquent. Je m'attends bien à vous voir métamorphoser *Jean Calvin* en *Iehan Chauuin*. Ce jour-là, personne ne vous pourra reprocher de ne pas « lire l'histoire dans les documents. »

Ce Launay, chanoine et curé, après avoir été ministre, excite votre verve. « Il est, dites-vous, page 98, jugé par un autre prêtre, Moréri, en ces termes : « *Comme sa conduite au temps de la Ligue a fait voir que c'était un scélérat, il ne faut pas ajouter foi aux contes qu'il a publiés contre ceux de la religion réformée.* » Et la conclusion est à mon adresse, comme toujours : « Lisez donc Moréri, Monsieur ; on le trouve partout, et il a beaucoup à vous apprendre. » Oui, certes, à moi... et à d'autres aussi. Peut-être en le parcourant auriez-vous, vous-même, vu comment il orthographiait Launoy. Cependant, votre conseil était bon. J'ai lu Moréri : « on le trouve partout, » en effet. Mais ce qu'on ne trouve pas partout, c'est la phrase que vous y avez prise : « Launay *était un scélérat.* » J'ai feuilleté plusieurs éditions de son *Dictionnaire*. Ce passage, où un prêtre juge « un autre prêtre, » n'y est pas. N'auriez-vous point quelque Moréri augmenté, embelli, *ad usum Delphini*, où les curés disent pis que pendre des chanoines ? Entre nous je soupçonne fort Bayle d'avoir écrit ce que vous mettez sur le compte de Moréri. Feuilletez son dictionnaire à l'article Launoi ; la phrase y est justement. Ah! que l'on gagne à lire Bayle. Lisez donc Bayle, Monsieur, lisez donc Bayle : on le trouve partout, et il a beaucoup à vous apprendre. Il vous apprendra à ne pas confondre le philosophe huguenot Bayle avec le prêtre catholique Moréri; peut-être aussi M. Vacherie, maire de Saintes, avec Mgr Landriot, archevêque de Reims, ou bien votre très-humble serviteur avec Théodore de Bèze et Calvin.

On ne peut qu'admirer, du reste, votre fertile imagination. Jusqu'à présent, on ne connaissait que d'Aubigné qui rapportât les paroles de maître Bernard à Henri III. Et c'était naturel : il les avait fabriquées. Vous, vous en avez inventé un autre, Sully; « Sully, dites-vous, d'Aubigné, et tant d'autres. Je ne vous demande point quels sont ces « autres... » Vous y comprendriez peut-être l'auteur du futur livre de M. Athanase Coquerel fils sur Palissy; et je n'aurais qu'à m'incliner. Mais Sully! cela devient grave. Veuillez, de grâce, citer ce passage des *Œconomies,* ou des *Mémoires,* si vous l'aimez mieux, où le lit-on? Personne avant vous ne l'avait rencontré. Je l'ai de nouveau et inutilement cherché. Ne l'auriez-vous pas déniché dans quelque coin de Moréri? Vous savez que les phrases de Bayle y poussent. Moréri a beaucoup à m'apprendre. Il me réserve peut-être celle-là.

J'aurais bien des détails à relever dans votre réplique, Monsieur. J'arrête là ma riposte pour ne pas abuser de vos moments... et des miens.

Paris. — Typ. de Ch. Meyrueis, rue Cujas, 13. — 1869.